Turhan Bilir
İlker Bekir Topçu

Yan Ürün İnce Agregalarının Kuruma Rötresi Çatlaklarına Etkisi

Turhan Bilir
İlker Bekir Topçu

Yan Ürün İnce Agregalarının Kuruma Rötresi Çatlaklarına Etkisi

Türkiye Alim Kitapları

Impressum / Yayınevi adı
Bibliografische Information der Deutschen Nationalbibliothek: Die Deutsche Nationalbibliothek verzeichnet diese Publikation in der Deutschen Nationalbibliografie; detaillierte bibliografische Daten sind im Internet über http://dnb.d-nb.de abrufbar.

Deutsche Nationalbibliothek tarafından yayınlanan bibliyografik bilgiler: Deutsche Nationalbibliothek, bu yayını Deutsche Nationalbibliografie'de listeler; detaylı bibliyografik bilgi İnternet'te http://dnb.d-nb.de sitesinde mevcuttur.

Coverbild / Kitap kapağı resmi: www.ingimage.com

Verlag / Yayıncı:
Türkiye Alim Kitapları
ist ein Imprint der / yayınevinin bir ticari markasıdır
OmniScriptum GmbH & Co. KG
Heinrich-Böcking-Str. 6-8, 66121 Saarbrücken, Deutschland / Almanya
Email / E-posta: info@turkiye-alim-kitaplary.com

Herstellung: siehe letzte Seite /
Basım yeri: son sayfaya bakın
ISBN: 978-3-639-67208-4

Zugl. / Approved by: Eskişehir, Eskişehir Osmangazi Üniversitesi, 2010

Özet

Kuruma rötresi terimi, genellikle sertleşmiş beton özeliği olarak kullanılan bir terimdir. Sertleşmiş betonda meydana gelen su kaybı nedeniyle oluşan şekil değiştirmeyi ifade eder. Bünyesel rötre, beton hidratasyonu sırasında kendi kendine kururken oluşan kuruma rötresinin özel bir halidir. Karbonatlaşma rötresi de, kuruma rötresinin hidrate olmuş çimentonun karbondioksitle reaksiyona girdiğinde oluşan bir başka türüdür.

Kuruyan betonun hacmindeki değişim kaybedilen suyun hacmine eşit değildir. Kuruma devam ederken, emilmiş su yapıdan kaybolur ve bu durumda çimento pastasındaki hacim değişimi, jel parçacıklarının bütün yüzeylerinden 1 molekül kalınlıkta olan su kaybına eşittir. Bu nedenle, jel yapısının kimyasal ve mineralojik özeliklerinden çok fiziksel yapısının önemli olduğu söylenebilir. Rötre kısıtlandığında betonda oluşan iç gerilmelere bağlı olarak çatlaklar ortaya çıkmaktadır. Beton tasarımında rötrenin dikkate alınmaması, elemanlarda rötre sırasında oluşan bazı çatlaklara ve görünüm bozukluklarına neden olmaktadır. Bu çatlaklardan yabancı maddelerin girişi ve bunun sonucu olarak beton dayanımı ve dayanıklılığında düşüşler oluşmaktadır. Bu yüzden, rötre oluşum mekanizmasının ve yan ürünlerin kullanımının rötreye etkisi konusunda çeşitli çalışmalar yapılmaktadır.

Bu çalışmada ise taban külünün (TK), uçucu külün (UK), granüle yüksek fırın cürufunun (GYFC) ve kiremit kırıklarının (KK) harçlarda ince agrega olarak kullanımının kuruma rötresi ve çatlaklarına etkisi araştırılmıştır. Bunun için, bu yan ürünler kullanılarak üretilen harçlara, eğilme ve basınç dayanımı, elastisite modülü, serbest ve kısıtlanmış rötre deneyleri yapılmıştır. Kısıtlanmış rötrenin incelenebilmesi için literatürde betonun rötresinin incelenebildiği deney olan halka deneyi adı verilen bir deney yapılmıştır. Böylece, bu yan ürünlerin ince agrega olarak rötre miktarı, rötre çatlakların oluşum hızı ve sayısı gibi verilerin elde edilmesi amaçlanmıştır.
Anahtar Kelimeler: Çatlak, Halka Deneyi, Rötre, Taban külü, Yüksek fırın cürufu.

Teşekkür

Akademik çalışmalarımda ve bu eserin gerçekleşmesinde, bana danışmanlık yaparak, beni yönlendiren ve her türlü olanağı sağlayan hocam Sayın Prof. Dr. İlker Bekir Topçu'ya, konu ile ilgili bilgi ve deneyimlerinden yararlandığım Sayın Doç. Dr. İsa Yüksel'e, Sayın Yrd. Doç. Dr. Ö. Fatih Eser'e, bana olan desteklerinden dolayı Prof. Dr. Yunus Özçelikörs'e ve Yrd. Doç. Dr. Mehmet Canbaz'a, akademik çalışmalarım sırasında gösterdikleri sabır, destek ve emek için babam Orhan Bilir, annem Melahat Bilir'e ve Abim Tufan Bilir'e sonsuz ve içten teşekkürleri bir borç bilirim.

Doç. Dr. Turhan Bilir

30 Kasım 2014

İçindekiler

Sayfa

Şekiller Dizini

Çizelgeler Dizini

Simgeler ve Kısaltmalar Dizini

Simgeler	Açıklama
Δ	Birim ağırlık
σ	Gerilme
ε	Şekil değiştirme
ρ	Yoğunluk
ΔL	Toplam deformasyon
A	Yüzey alanı
D	Silindir numune çapı
E	Statik elastisite modülü
f_c	Basınç dayanımı
$f_{eç}$	Eğilmede çekme dayanımı
L	Numune boyu
M	Eğilme momenti
MAPE	Ortalama mutlak hata oranı
P	Yük
P_k	Kırılma yükü
R	Korelasyon katsayısı
RMS	Karesel ortalamanın karekökü
V	Ultrases geçiş hızı

Kısaltmalar	Açıklama
ACI	Amerikan Beton Enstitüsü
ANFIS	Uyarlanmış nöron bulanık sonuç çıkarma sistemleri

ASTM	Amerikan malzeme test kuruluşu
BS	İngiliz standardı
CAİ	Cüruf aktivite indeksi
ÇATES	Çatalağzı Termik Santrali
DIN	Alman Standardı
EN	Avrupa Standardı
ERDEMİR	Ereğli Demir ve Çelik Fabrikaları
GBFS	Granulated blast-furnace slag
GYFC	Granüle Yüksek Fırın Cürufu
KK	Kiremit Kırığı
PÇ	Portland çimentosu
RILEM	Uluslararası yapı malzemeleri ve uzmanları birliği
SEM	Taramalı elektron mikroskobu
TÇMB	Türk Çimento Müstahsilleri Birliği
TK	Taban Külü
TS	Türk Standardı
TSE	Türk Standardları Enstitüsü
UK	Uçucu Kül
XRD	X ışınları difraksiyonu

Bölüm 1

Giriş

Beton, agrega, çimento, su ve gerektiğinde bazı mineral ve kimyasal katkı maddelerinin birlikte karılmasıyla elde edilen, başlangıçta akışkan olduğu için içine konulduğu kalıbın şeklini kolayca alan; sertleştikten sonra ise istenilen dayanıklılık ve dayanımı sağlayabilen yapay bir yapı malzemesidir (Erdoğan, 2003). Taze betonda işlenebilirlik; bir başka deyişle ayrışma yapmadan kolayca karılma, taşınma, yerleştirme ve sıkıştırma yapılabilme özeliği, sertleşmiş betonda ise dayanım ve dayanıklılık özelikleri betonda aranan en önemli özeliklerdir. Ayrıca büyük miktarlarda kullanıldığı için betonun en ekonomik ve dayanıklı bir şekilde üretilmesi beton teknolojisi ve bu teknolojinin etkilediği birçok alan için de çok önemlidir. Kaliteli bir beton kaliteli malzemeler ve deneyimli elemanlarla belirli kurallara ve standartlara uyularak üretilebilir (Topçu, 2006). Betonun rötresi ve rötre sonucu oluşan çatlaklar da kaliteli bir beton üretimi açısından dikkate alınması gereken özeliklerdir (Topçu, 2006).

Betonun rötresini çimento pastasının boşluk oranı, yaşı, hidratasyon derecesi, su-çimento oranı, kür sıcaklığı, çimento içeriği, su içeriği, katkıların özelikleri (kimyasal ya da mineral) gibi özelikleri, betonun agrega rijitliği, agrega içeriği, hacim-yüzey oranı, kalınlığı gibi özelikleri etkilemektedir. Ayrıca, göreceli nem, kuruma derecesi ve zamanı gibi çevresel koşullar da rötreyi etkilemektedir. Puzolanik özelik de düşünüldüğünde çimento pastasının söz konusu özeliklerini etkilediği görülmektedir. Ayrıca, bu özeliklerinin yan ürünlerin elde edildiği tesise göre farklı özeliklere sahip olduğu ve dolayısıyla çimento pastasının özeliklerini farklı etkilediği bilinmektedir. Yan ürünler mineral katkı olarak kullanıldığında betonun rötresini farklı şekilde etkileyebilmektedir. Ancak, değişik mineral katkılarının rötreye etkisinin araştırıldığı az sayıda çalışma bulunmaktadır. Bu çalışmalarda da görülmektedir ki; kullanılan mineral katkı (yüksek fırın cürufu, uçucu kül, silis dumanı v.b.) ve diğer malzemelerin (agrega, çimento) özelikleri, betonun karışım oranı ve çevresel koşullara göre kuruma rötresini arttırmakta ya da azaltmaktadır (Topçu, 2006).

Genel olarak incelikleri arttıkça rötreyi arttırmalarına rağmen söz konusu özeliklere bağlı olarak da azaltabilmektedir. Örneğin, Afşin-Elbistan sınıflandırılmamış uçucu külü rötreyi azaltmaktadır (Atiş et al., 2004). Bu da olumlu bir sonuçtur. Ancak, bunun erken yaşlarda ve % 30'un altındaki yer değiştirmelerde gerçekleştiği söylenebilir (Atiş et al., 2004). Çünkü, geç dayanımı arttırdığı için ileriki zamanlarda puzolanik mineral katkılar basınç dayanımını arttırdığı için çatlakları arttırmaktadır (Kayali et al., 1999). Ancak, uçucu külün kuruma rötresine genel olarak etkisi olmadığı belirtilmiştir (McCarhty and Dhir, 2005). Yüksek dayanımlı betonlar daha gevrek oldukları için çatlak oluşumu düşük dayanımlı betonlara göre daha kolay ortaya çıkmaktadır. Bu duruma, silis dumanı da örnek verilebilir. Yüksek inceliği nedeniyle yüksek puzolanik aktivite erken dayanımı attırmasına neden olur. Sonuç olarak, silis dumanı erken yaşlarda kuruma rötresini de arttırmaktadır (Appo Rao, 2001). Aynı etki daha az olmakla beraber bir miktar kendiliğinden bağlayıcılığı olan granüle yüksek fırın cürufu için de geçerlidir (Lee et al., 2006). Granüle yüksek fırın cürufu bünyesel rötreyi arttırmaktadır. Bünyesel rötrede mineral katkının inceliğinin de etkili olması nedeniyle inceliğin, puzolanik aktivitenin, dayanımın dolayısıyla hidratasyonun artarak betonun, harcın ya da çimento pastasının bünyesel ve kuruma rötresini arttırır. Uçucu külün de inceliğe bağlı olarak bünyesel rötreyi arttırdığı görülmüştür (Termkhajornkit et al., 2005). Bu gibi mineral katkılar ilk günlerdeki kuruma rötresini çimento pastasının miktarını azalttıkları için azaltmaktadır (Filho et al., 2005). Buna karşın, uzun dönem bünyesel ve kuruma rötrelerini arttırmaktadırlar.

Lif kullanımının rötreye etkisi ile ilgili çalışmalarda polipropilen liflerin etkilemediği ve çelik liflerin azalttığı görülmüştür (Atiş et al., 2004). Meyve lifleri ise serbest rötreyi % 0.2 oranında azaltmakta, % 3 oranı civarında kuruma rötresini arttırmakta ve erken kısıtlanmış rötreyi yani erken rötre çatlaklarını azaltmaktadır (Filho et al., 2005). Görüldüğü gibi rötre karışım oranına, su/çimento oranına, çimento pastası miktarına, mineral katkı tipine, agrega tipine, eklenen diğer malzemeler ve özeliklerine oldukça bağlıdır. Ancak, en önemli değişkenin çimento pastasının miktarının ve su/çimento oranının, hidratasyonu dolayısıyla su miktarının değişimini, basınç dayanımını, elastik özelikleri etkilediği için en önemli değişkenler olduğu söylenebilir (Bissonette et al., 1999; Jiang et al., 2005). Buna ek olarak, kuruma ortamı ve şiddetinin de etkili olduğu görülmüştür (Kanna et al., 1998). Ayrıca, mineral katkı ya da ince veya kaba agrega kullanımlarının etkisi de kuruma ortamına bağlıdır.

Kuruma sırasında rötre kısıtlandığında betonda veya harçta çatlaklar oluşmaktadır. Bu çatlakları incelemek ve ölçmek için, optik ve elektron mikroskopları kullanımı gibi yöntemler geliştirilmektedir (Bisschop and van Mier, 2002). Ancak, bu çatlakları oluşturmak ve optik bir mikroskopla ölçmek için en iyi ve ucuz yöntemin Halka Deneyi olduğu söylenebilir (Hossain and Weiss, 2006).

Agrega, rötre oluşumunu engellemekte ve azaltmaktadır. Ayrıca, özeliklerine bağlı olarak rötre çatlaklarını da azalttığı bilinmektedir. Agreganın tipi, dayanımı, su emmesi, özgül yüzeyi (ince ya da kaba olması), betonun veya harcın basınç dayanımı agreganın rötreyi azalmasında dikkate alınması gereken değişkenlerdir. Örneğin, daha az su emmesi ve daha yüksek dayanımı olan agregalar, daha az dayanımlı ve daha yüksek su emmesine sahip agregalara göre kısıtlanmış rötreden çatlaklarının oluşma süresini geciktirmektedir. Bunun yanında, en son ulaşılan çatlak genişliğini de azaltmaktadır. Uçucu külün de ince agrega olarak rötre çatlaklarını, su/çimento oranı, su emme kapasitesi gibi özeliklere bağlı olarak azalttığı rapor edilmiştir (Gesoğlu et al., 2006). Ayrıca, lastik ince agregası, atık lastiğin elastik ve mekanik özelikleri de betonun veya harcın rötre çatlaklarını geciktirmekte ve azaltmaktadır (Turatsinze et al., 2007). Bunun yanında, söz konusu yan ürünler ince agrega olarak kullanıldığında uygun mekanik ,fiziksel ve dayanıklılık özeliklerine sahip beton veya harçlar üretilebilmektedir (Topçu, 1995; Topçu, 1997; Topçu and Avcular, 1997a; Topçu and Avcular, 1997b; Yüksel et al., 2006; Yüksel and Bilir, 2007; Yüksel et al., 2007; Özkan et al., 2007). Özellikle, dayanıklılığı yüksek normal veya yüksek dayanımlı betonlar üretimine olanak sağlamaktadırlar.

Son zamanlarda çok yaygın ve güncel olan sürdürülebilir kalkınma ve küresel ısınma açısından ise bu yan ürünlerin kullanımı ve kullanımının yaygınlaştırılması çok önem kazanmıştır. Yeni kullanım yöntemlerin geliştirilmesi ve kullanılan miktarın artmasına dolayısıyla doğal kaynakların korunumuna, enerjinin daha az tüketilmesine, karbondioksit emisyonun düşmesine yardımcı olmaktadır. Bu nedenle, yan ürünlerin mineral katkı veya ince agrega olarak kullanımı ekonomiye, çevreye ve geleceğe çok önemli kazanımlar ortaya koymaktadır.

Sonuç olarak, genel olarak sözü geçen GYFC, TK, KK ve UK yan ürünlerinin rötreye ve çatlaklarına etkisi ile ilgili çok az çalışmaya rastlanmıştır. Bu çalışmanın sonuçları daha önceki çalışmalarla karşılaştırıldığında bu yan ürünlerin ince agrega olarak harçlarda kullanım miktarı ve koşulları (malzeme özelikleri, karışım oranları, çevre koşulları v.b.) hakkında fikir edinme konusunda literatüre katkı sağlanmaktadır. Şekil 1.1 ve Şekil 1.2' de kısıtlanmış rötre çatlaklarının belirlenmesinde kullanılan halka deneyi düzeneği görülmektedir (Turatsinze et al., 2007). Şekil 1.3' de rötre sonucu halka deneyinde kullanılan harç numunelerinde oluşan çatlaklar gösterilmiştir.

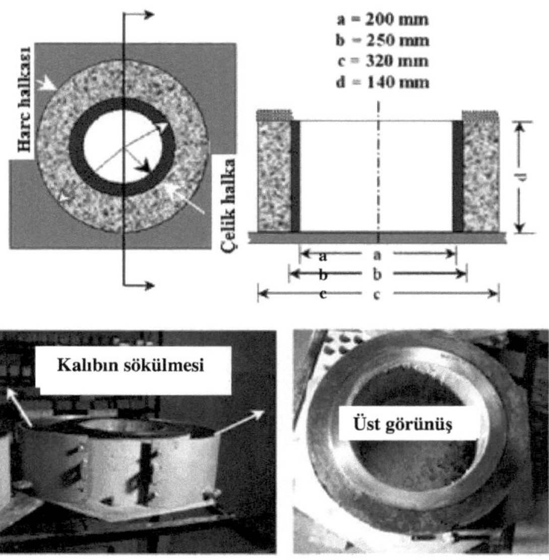

Şekil 1.1. Harçlarda halka deneyi düzeneği (Turatsinze et al., 2007).

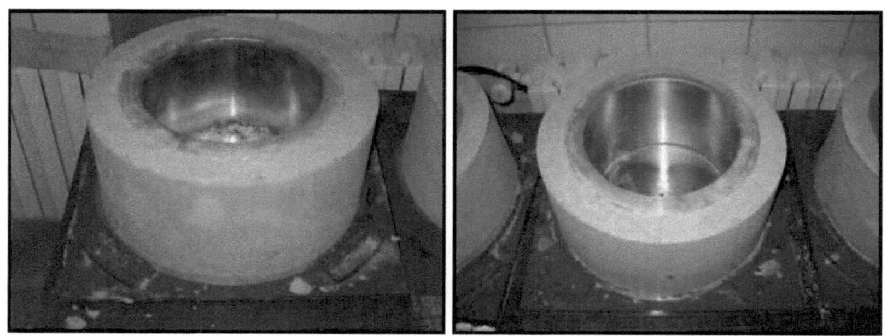

Şekil 1.2. Kısıtlanmış rötre için halka deneyi düzeneği.

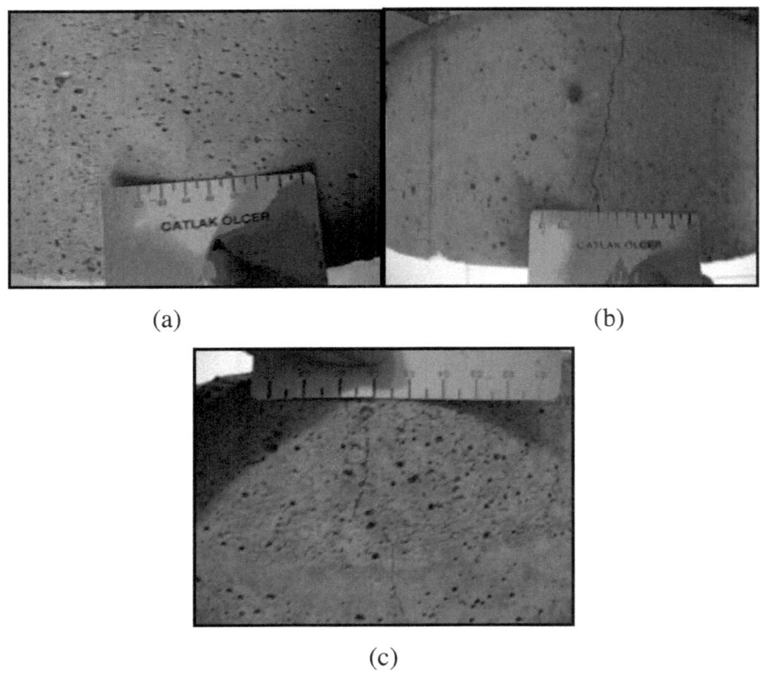

(a) (b)

(c)

Şekil 1.3. Rötre çatlakları a) % 0 Uçuçu Kül (UK), b) % 40 UKc) % 90 UK.

1.1.Amaç ve Kapsam

Bu çalışmada GYFC, TK, KK ve UK yan ürünlerinin ince agrega olarak harçların kuruma rötresi çatlaklarına etkisini incelenmiştir. Bu yan ürünlerin betonda veya harçta kuruma rötresi çatlaklarına etkisi ile ilgili sınırlı sayıda çalışma mevcuttur. Bunların çoğunda incelemeler harçlar üzerinde yapılmıştır. Bu nedenle bu yan ürünlerin etkilerinin harçlarda incelenmesi ve betonda kuruma rötresi çatlaklarına etkisi incelenmeden önce veri oluşturmak ve çatlaklara etkileriyle ilgili temel bir davranış eğilimi elde etmek amaçlanmıştır. Ayrıca, betonda kaba agrega kuruma rötresini daha fazla kısıtlayacağı için bu yan ürünlerin çatlak davranışına etkilerinin değişeceği ve temel bilgi olamadan tartışılmasının zor olacağı düşünülmüştür.

Bunun yanında gelişmekte olan ülkelerde bu yan ürün agregalar kullanırken mevcut su durumu ve tane dağılımı gibi özeliklerin göz önünde tutulmadığı düşünülerek bu yan ürünler su düzeltmesi yapılmadan kullanılmışlardır. Ayrıca, tane dağılımları da ayarlanmamış ve temin edildikleri gibi kullanılmışlardır. Böylece elde edildikleri şekilde kullanıldıklarında harç kuruma rötresi çatlak genişliklerine etkilerinin de gözlenmesi amaçlanmıştır.

Yan ürünler referans CEN kumu yerine ağırlıkça % 0 ve % 100 oranları arasında % 1o'luk artışlarla yer değiştirilmiştir. Çalışma kapsamında birim ağırlık ve ultrases deneyi boşluk oranına etkilerini gözlemlemek için yapılmıştır. Çekme dayanımı, basınç dayanımı ve elastisite modülü ise çatlak hassasiyeti hakkında fikir edinmek amacıyla gerçekleştirilmiştir. Serbest kuruma rötresinde boy değişimi ve halka deneyi yapılarak kuruma rötresi çatlak genişlikleri gözlenmiş ve ölçülmüştür. Bu şekilde GYFC, TK, KK ve UK agregalarının kuruma rötresi çatlak oluşum süreleri, çatlak gelişimi ve çatlak genişlikleri bu özelikler bakımından değerlendirilmeye çalışılmıştır. Ayrıca, rötre çalışmalarına benzer şekilde bir modelleme örneği yapılmıştır. Bunun için GYFC içeren harçlarda kuruma rötresi çatlak genişliklerinin ANFIS yöntemi kullanılarak tahmini için bir model kurulmuştur.

Bölüm 2

Rötre Çeşitleri ve Rötre Çatlakları

2.1. Rötre Hakkında Genel Bilgiler

Betonun içindeki suyun herhangi bir fiziksel veya kimyasal nedenle kaybolması olayına büzülme veya rötre adı verilir (Erdoğan, 2003; Topçu, 2006 a). Taze betonda su kaybı fiziksel nedenlerle oluşurken, sertleşmiş betonda hem fiziksel hem de kimyasal nedenlerden oluşabilir (Erdoğan, 2003). Bununla beraber, betonun rötre mekanizmasının kuruma sırasında oluşan kapiler kuvvetlerin bir sonucu olduğu da söylenebilir (ACI 209.1R-05, 2005). Taze betonda gerçekleşen rötre çeşidi plastik rötre olarak adlandırılır. Serleşmiş betonda ise otojen rötre, karbonatlaşma rötresi ve kuruma rötresi oluşmaktadır. Bunlara ek olarak, negatif rötre adı verilen şişme de bir rötre çeşidi olarak ela alınmaktadır (Erdoğan, 2003). Rötre sıcaklık değişimlerinden kaynaklanan uzunluk ya da şekil değiştirmeleri kapsamaz ancak çevresel etkenler, beton bileşimi ve bileşenlerin özelikleri ve beton numunelerin boyutlarından etkilenir (ACI 209.1R-05, 2005). Rötre şekil değiştirmeleri yüklenmemiş numuneler kullanılarak ölçülür. Rötre birimsiz şekil değiştirmelerle ifade edilir. Bir başka deyişle, rötreden kaynaklanan şekil değiştirmeler birim şekil değiştirmeler (bir boyutunun uzunluğunun o boyutun ilk uzunluğuna göre değişimi strain) cinsinden ölçülür. Genellikle birim şekil değiştirmenin (strain) milyonda biri olarak ifade edilir. Birimi mikrostrain olarak tanımlanır ve bir mikrostrain $1x10^{-6}$ mm/mm olarak gösterilir. Uzun dönem rötrenin değerleri tipik olarak 200 ve $800x10^{-6}$ mm/mm arasında değişmektedir. Harç rötresi ise 800 ve $2000x10^{-6}$ mm/mm arasındadır.

Çimento pastasında ise 2000 ve 6000 mikrostrain arasında değerler elde edilir (ACI 209.1R-05, 2005).

Toplam şekil değiştirme sürekli bir yük altında değişmeyen homojen sıcaklığa maruz kalan beton numunelerinin birim uzunluk başına gösterdiği toplam uzunluk değişimidir (ACI 209.1R-05, 2005). Şekil 2.1' de görüldüğü gibi toplam şekil değiştirme rötre ve yüklemeden kaynaklanan şekil değiştirmenin toplamıdır.

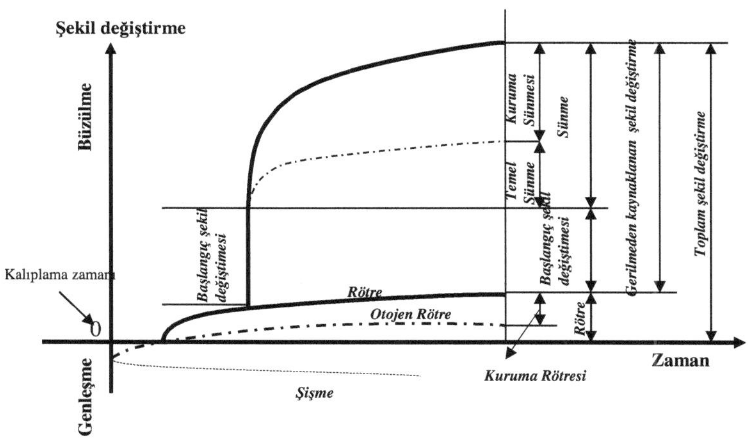

Şekil 2.1. Zaman bağlı şekil değiştirme tipleri (ACI 209.1R-05, 2005).

Taze ve sertleşmiş betonda buharlaşma, hidratasyon ve karbonatlaşma nedeniyle oluşabilen su kayıpları betonun veya harcın içinde iç gerilmelere ve birim şekil değiştirmeler neden olmaktadır. Bu iç gerilmeler betonun çekme dayanımını aştığında çatlakların oluşması kaçınılmazdır (Erdoğan, 2003; Holt and Leivo, 2004). Sertleşmiş betonda rötre mutlaka gerçekleşir ve en azından çimentonun hidratasyonundan veya su kaybından kaynaklanan hacim azalması gözlenir. Bununla beraber, bir başka neden de betonun kurumasıdır. Eğer, rötre miktarı çok fazla ise beton çatlayacaktır ve dayanıklılığı da önemli ölçüde azalacaktır (Holt and Leivo, 2004). Ayrıca, kuruma rötresi ve yüklemenin neden olduğu çatlaklar betonun su geçirimliliğini arttırmaktadır.

Hearn (1999) tarafından kuruma rötresinin CSH jelinin bozulmasına, elastisite modülü daha yüksek parçacıkların çevresinde yuvarlak ve yüzeysel çatlaklar oluşmasına neden olduğu ve böylece su geçirimliliğinin daha da artış gösterdiği belirtilmiştir. Betonarme yapılarda beton mutlaka kuruma gösterir ve çekme bölgesinde rötre kısıtlanır. Dolayısıyla, betonarme betonunda kısıtlanmış kuruma rötresinden kaynaklanan çatlakların oluşmasının kaçınılmaz olduğunu söylemek yanlış olmaz (Hearn, 1999). Bu yapılarda rötre çatlakları nedeniyle su geçirimliliğinin artması bu yapıların dayanıklılığını azaltan etkilere açık hale gelmesine neden olur. Bu durumda betonarme yapıların hizmet ömrü azalmaktadır. Bununla beraber, mikroçatlakların betonun mekanik davranışını ve dayanıklılık özeliklerini önemli derecede azalttığını ve çatlakların sürekliliğini arttırdığı da bilinmektedir (Hearn, 1999). Bu açıdan, hem taze betonda, hem de sertleşmiş betonda yer alan rötre ve buna bağlı mikro çatlakların zamanla gelişmesi betonun özeliklerinde dikkate değer kayıplara neden olur. Rötre beton ve yapı tasarımında göz önünde tutulması gereken önemli özeliklerdendir.

Hava sıcaklığı, bağıl nem ve rüzgâr hızı gibi çevre koşulları da rötre ve rötre çatlaklarının oluşumunu etkileyen faktörler arasındadır (Almusallam, 2001). Yüksek sıcaklık ve düşük bağıl nem plastik rötreyi arttırabilir ve plastik rötre kısıtlanırsa çatlak oluşumu gözlenir. Bu durum, sertleşmiş betonun kuruma rötresi için de geçerlidir. Yüksek sıcaklık, düşük bağıl nem veya yüksek rüzgâr hızı tek başlarına veya hepsi aynı zamanda etkiyerek buharlaşmayı arttırdığı için su kaybını ve rötreyi arttırmaktadırlar. Bundan sonra, rötreden kaynaklanan iç gerilmeler oluşmakta ve bu iç gerilmeler daha önce de belirtildiği gibi betonun çekme dayanımını aştığında beton çatlamaktadır (Almusallam, 2001). Bir başka deyişle, çevre koşulları hem taze betonda hem de sertleşmiş betonda rötre ve çatlaklarını önemli ölçüde etkilemektedir.

Betonda rötre iki aşamada yer alır. Bunlardan birincisi erken yaşlarda oluşan rötre ve ikincisi de geç yaşlarda oluşan rötredir. Erken yaşlar çoğunlukla, beton priz yaptığı ve katılaşmaya başladığı ilk gün olarak tanımlanır. Geç yaşlar veya uzun dönem rötresi olarak tanımlanan hacim değişimi ise 24 saatlik ya da daha ileriki yaşlardaki betonlar için geçerlidir. Yapıların tasarımında ileriki yaşlardaki rötre göz önüne alınmaktadır. Hem erken yaş hem de geç yaş rötreleri de kuruma ve otojen rötreleri olmak üzere iki alt grubu içermektedir. Kuruma ve otojen rötreler doğrusal değişim gösteren ve fiziksel olarak bir numune üzerinde ölçülebilen rötre çeşitleridir. Bunun dışında, sıcaklık değişimleri ve karbonatlaşma reaksiyonu nedenleriyle de sertleşmiş betonda hacim değişikliği oluşabilir. Sertleşmiş betondaki rötre çeşitleri Şekil 2.2'de şematik olarak gösterilmiştir (Holt and Leivo, 2004).

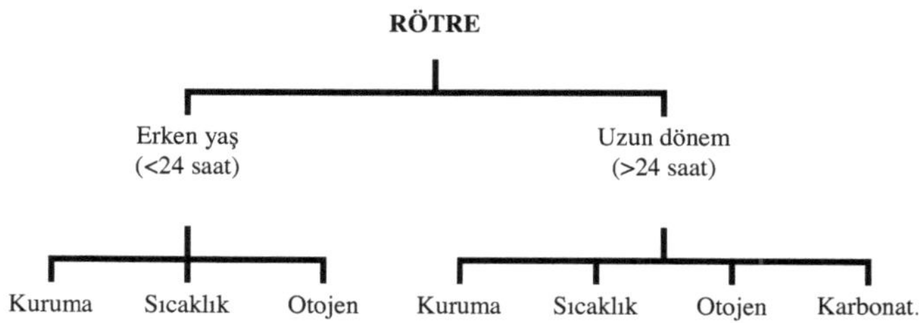

Şekil 2.2. Rötre çeşitleri ve aşamaları (Holt and Leivo, 2004).

Erken yaşlardaki çatlaklar mikroskopik seviyede çatlaklardır ancak ileriki yaşlarda bu çatlaklar genişler ve dayanıklılık, dayanım gibi özeliklerde azalmaya neden olabilirler. Erken yaş rötresi 1 mm/m (1000 mikrostrain) değerinin aşarsa çatlak oluşma riski artar. Bu değer betonun erken yaşlardaki çekme şekil değiştirmesi kapasitesinin 10 katı kadar bir düzeyde olmaktadır (Holt and Leivo, 2004).

Rötre CSH tabakalarının arasındaki boşlukları azaltır, CSH tabakaları arasında mikro kayma gerilmeleri oluşturur, boşluk yapısında, kimyasal bağlarda, katı malzemenin yüzey difüzyonunda ve kopma dayanımında değişikliklere neden olur (Appa Rao, 2001). Agrega miktarı ve boyutu ile kür süresindeki artış, su-çimento oranında azalma nihai kuruma rötresini azaltır. Yüksek ve orta dayanımlı betonların uzun dönem kuruma rötreleri düşük dayanımlı betonlara göre daha azdır. Ancak, yüksek dayanımlı betonlar düşük dayanımlı betonlara göre plastik rötre çatlağı oluşumuna daha hassastırlar ve çatlak oluşma olasılığı daha yüksektir (Appa Rao, 2001). Silis dumanı gibi mineral katkıların kullanımı da rötre çatlaklarını artırmaktadır (Appa Rao, 2001; Lim and Wee, 2000). Bunun yanında, değişik malzemelerin birlikte kullanımı ve birçok etken rötre ve çatlaklarını değişik şekillerde etkileyebilmektedir.

Plastik rötre taze betondaki suyun buharlaşması nedeniyle ortaya çıkar. Otojen rötre, çimentonun hidratasyonundan (özkuruma olarak da adlandırılır), karbonatlaşma rötresi CaO'un hidratasyon sırasında $Ca(OH)_2$'e dönüşmesi ve $Ca(OH)_2$'nin yüzeyde CO_2 ile reaksiyonu sonucu suyun açığa çıkarak betonun yapısından uzaklaşmasıyla oluşur. Termik rötre özellikle kütle betonlarında priz sırasında yüksek sıcaklıkların etkisiyle iç kısımdaki ve yüzeydeki sıcaklık farkları nedeniyle gözlenir. Kuruma rötresi ise sertleşmiş betonda suyun buharlaşma gibi fiziksel nedenlerle kaybı sonucu görülmektedir (Appa Rao, 2001; Lim and Wee, 2000). Hem otojen hem de kuruma rötresinde kapiler basınç mekanizması etkilidir. Kapiler boşluklarda su kaybı sonucu (buharlaşma ya da hidratasyon nedeniyle) iç gerilmeler oluşur. Kapiler boşluk basıncı, azalan boşluk oranı ile artmaktadır (Lim and Wee, 2000).

2.2. Plastik Rötre

Plastik rötre taze betonda yerleştirme işleminden hemen sonra beton henüz plastik kıvamdayken ve dikkate değer bir dayanım kazanmamışken ilk birkaç saat boyunca oluşan nem hareketi olarak da tanımlanabilir (Soroushian and Ravanbakhsh, 1998). Daha önce de belirtildiği gibi kapiler gerilmeler sonucu oluşmaktadır. Kurumaya başlamadan önce taze betondaki çimento ve agrega taneciklerinin arasındaki boşluklar tamamıyla su ile doludur. Yüzeydeki buharlaşma gibi nedenlerle çimento pastasının içerisindeki su taze betonun yapısından uzaklaştığında, çimento pastasında hacim büzülmesine neden olan negatif kapiler basınçları üreten bir dizi karmaşık yarım ay şeklinde yüzeyler oluşur (Soroushian and Ravanbakhsh, 1998). Kapiler basınçlar pastanın içinde, suyun daha fazla çimento pastası içine dağılmadığı ve boşluklar arasında sudan süreksiz bölgelerin oluştuğu, kritik bir kopma basıncına ulaşılıncaya kadar artmaya devam eder. Plastik rötrenin en büyük değeri işte bu kopma basıncı noktasından hemen önce elde edilir ve bu noktadan sonra küçük miktarlarda plastik rötre oluşumu gözlenir (Soroushian and Ravanbakhsh, 1998). Bunun nedenlerinden biri de taze betonun oluşan henüz iç gerilmelere ve şekil değiştirmelere direnecek yeterince dayanım veya sekil değiştirme kapasitesine ulaşamamış olmasıdır (Bayasi and Mclntyre, 2002). Kuruma sırasında oluşan en büyük kapiler basınç boşluktaki suyun yüzey gerilimi ile doğru orantılıdır ve bununla beraber su kaybından oluşan boşlukların yarıçapı ile ters orantılıdır (Lura et al., 2007).

Taze betonda su kaybı önlenmezse, çatlak oluşumuna neden olabilir. En yaygın şekli, betonun yerleştirilmesinden sonraki birkaç saat içinde gözlenen yüzey çatlaklarıdır. Beton yerleştirildiğinde daha ağır taneler olan agrega dibe çöker ve su ise yükselir ve betonun yüzeyinden dışarıya çıkar. Bu duruma kanama ya da terleme olayı adı verilir. Suyun yüzeye çıkma hızı ve çıkan suyun toplam miktarı, betonun derinliğine (suyun beton içine yüzeye çıkmak için kat ettiği mesafe), kullanılan malzemeler, karışım oranları ve betonun sıcaklığına bağlıdır (Soroushian and Ravanbakhsh, 1998). Betonun yüzeyi, buharlaşma hızı terleme hızını geçtiğinde zamanla bozulmalar gösterir. Bu açıdan hızlı buharlaşmanın plastik rötre ve plastik rötre çatlaklarının oluşumunda en önemli etkenlerden biri olduğu söylenebilir (Bayasi and Mclntyre, 2002). Bu çatlakların gerçekleşmesi için geçen süre, betonun sıcaklığı ve terleme özelikleri ile birlikte hava sıcaklığından, bağıl nemden ve rüzgâr hızından etkilenmektedir (Soroushian and Ravanbakhsh, 1998). Ancak, bu plastik rötre çatlaklarının genel olarak yerleştirmeden 2-3 saat sonra betonun yüzeyinin perdahlanmaya hazır hale geldiği anda ortaya çıktıkları daha önce gözlemlenmiştir (Ravina and Shalon, 1968).

Plastik rötre çatlaklarının uzunlukları birkaç santimetreden 1-2 metreye kadar değişebilmektedir. Genellikle bu çatlakların derin olmadığı bildirilmekte ve bu nedenle yüzey çatlakları olarak adlandırılmaktadırlar. Buna rağmen, araştırmacılar bazı binalarda 23 santimetre derinliğe ve 0.1 ile 3 mm arasında genişliklere sahip çatlaklarla karşılaşmışlardır (Ravina and Shalon, 1968). Eğer, bu plastik rötre çatlakları oldukça dar ve ince değillerse nemin girişine izin vererek ve donatının korozyona uğramasına neden olarak yapıyı zayıflatırlar (Ravina and Shalon, 1968). Bu da betonun ya da betonarme yapıların dayanıklılıklarını ve nihai mekanik dayanımını olumsuz etkiler.

Betonun içindeki suyun kalıp yüzeyleri ve zemin gibi diğer yüzeyler tarafından emilmesi ve hidratasyon sırasında suyun bünyesel tüketimi, yüzey suyunun buharlaşmasıyla oluşan su kaybının rötreye etkisini arttırır. Bu aşamada, betonun yüzeyinde başlangıçta bir miktar rijitlik söz konusu olduğu için, betonun yüzeyi plastik rötreye plastik akış göstererek uyum sağlayamaz. Bu farklı şekil değiştirmeler nedeniyle de iç gerilmeler oluşur. Bu yüzden, plastik rötre çatlakları oluşabilir

(Soroushian and Ravanbakhsh, 1998). Genel olarak, başlangıçta yüzeyde oluşan rijitliği azaltmak için daha uzun kür süreleri, daha yüksek erken yaş çekme dayanımı ve azaltılmış serbest plastik rötre şekil değiştirmeleri plastik rötre çatlaklarının oluşma eğiliminin azaltılmasına veya çatlak oluşumunun önlenmesine yardımcı olurlar (Soroushian and Ravanbakhsh, 1998).

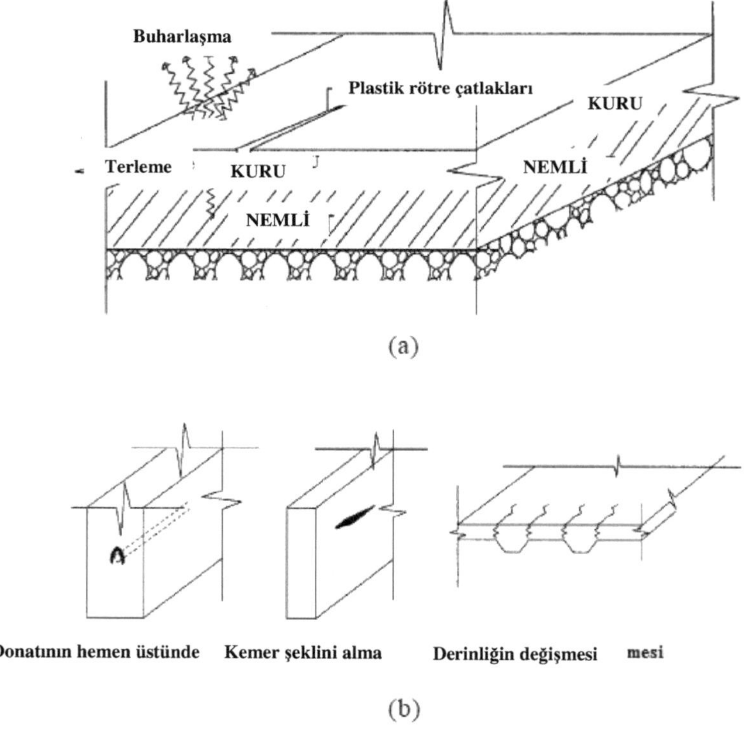

Şekil 2.3. Plastik rötre çatlakları (Soroushian and Ravanbakhsh, 1998).

Plastik rötre çatlaklarının önlenebilmesi için bütün etkenler dikkate alınmalıdır. Örneğin, düşük su-bağlayıcı oranlarına sahip yüksek dayanımlı betonlar hızlı priz alma, hızlı rijitlik kazanımı, düşük oranda terleme gibi nedenlerle yüksek erken çekme dayanımına sahip olmalarına rağmen plastik rötre çatlaklarından hasara maruz kalabilirler. Ayrıca, yüksek dayanımlı betonlarda silis dumanı gibi malzemelerin kullanımı da terlemeyi azaltarak, priz hızlandırarak ve serbest plastik rötre şekil değiştirmesini artırarak benzer şekilde buharlaşmayı azaltma ve erken çekme dayanımını arttırma gibi özeliklere sahip olmasına rağmen plastik rötre çatlaklarının oluşumuna katkı sağlayabilir (Soroushian and Ravanbakhsh, 1998).

Plastik rötrenin kısıtlanması ile oluşan gerilmelerin en son işareti betonun yüzeyinde görünür hale gelen plastik rötre çatlaklarının oluşumudur. Bunun yanında, kısıtlanmış plastik rötre nedeniyle mikroçatlakların oluşumu devam etmektedir. Bu tür mikroçatlakların beton yüzeylerinin uzun dönem performansını olumsuz etkilediği bilinen bir gerçektir (Soroushian and Ravanbakhsh, 1998). Daha önce de belirtildiği gibi bu çatlaklar genişledikçe ve derinleştikçe betonun ya da yapının dayanıklılığını olumsuz etkilemektedirler. Terlemede ve kapiler basınçlar etkisinde gerçekleşen bir başka tür plastik rötre ise plastik oturmadır. Şekil 2.3'te buharlaşma ve plastik oturmadan kaynaklanan plastik rötre çatlakları şematik olarak gösterilmiştir.

Erken yaşlardaki hacim değişimi dört ayrı aşamada gerçekleşmektedir.

Birinci aşama plastik oturma aşamasıdır. Beton kurumaya başlamadan önce terlemenin meydana geldiği süreçtir. Bu aşamada çok düşük bir düzeyde hacim değişikliği gözlenir ve plastik oturmadan kaynaklanmaktadır (Wang et al., 2001).

İkinci aşama ilk plastik rötre ya da terleme büzülmesidir. Buharlaşma hızının terleme hızından fazla olmasından oluşan kapiler basınçlardan kaynaklanan rötredir. Bu rötre prizden önce veya priz sırasında gözlenebilir. Burada, oluşan rötrenin değeri birkaç bin mikrostrain değerine ulaşabilir (Wang et al., 2001).

Üçüncü aşama hidratasyonun gerçekleştiği ve çimento taneleri arasındaki su dolu boşlukları katı parçacıklar olan hidratasyon ürünleri ile dolduğu otojen rötre aşamasıdır. Çimentonun hidratasyonu arttıkça, agrega taneleri hidratasyon ürünleri ile birbirine bağlanır ve rötre üzerinde kapiler basınçların etkisi giderek azalır. Bundan sonra, plastik oturma ve terleme büzülmesi azalır, otojen rötrenin etkisi artar. Beton plastik kıvamdayken otojen rötrenin miktarı düşüktür ve birkaç yüz mikrostrainden daha az olmaktadır. Otojen rötrenin çoğu prizden sonra gerçekleşir (Wang et al., 2001).

Dördüncü aşama ikincil plastik rötredir. Bu aşamada, beton katılaşmaya başlar ve priz yavaşlar. Betonun dayanımı arttıkça plastik rötre azalır (Wang et al., 2001). Şekil 2.4 ve 2.5'te su-çimento oranının plastik rötreye etkileri görülmektedir.

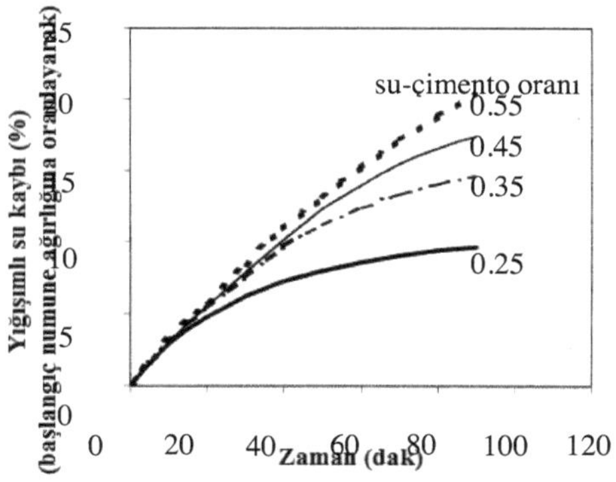

Şekil 2.4. Su-çimento oranının su kaybına etkisi (Wang et al., 2001).

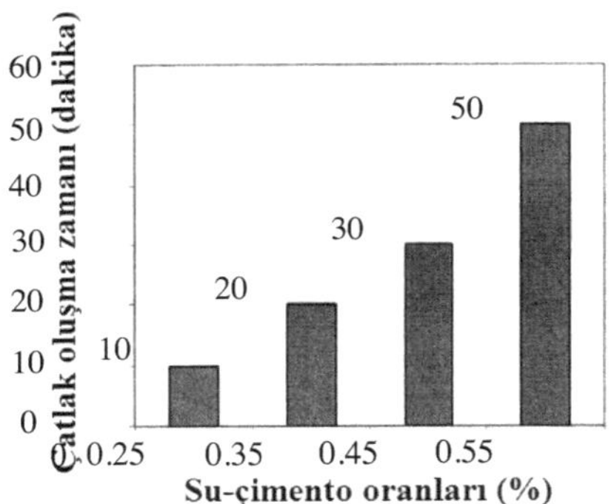

Şekil 2.5. Su-çimento oranının çatlak oluşum zamanına etkisi (Wang et al., 2001).

Su kaybı az olmasına rağmen düşük su-çimento oranına sahip çimento pastaları yüksek su-çimento oranlı betonlara göre daha fazla plastik rötre çatlakları gösterirler. Bunun nedeni daha ince boşluk yapısına ve düşük su-çimento oranlı pastalarda daha yüksek kapiler basınçlara neden olan düşük terleme hızıdır (Wang et al., 2001). Şekil 2.6'da uçucu külün plastik rötre çatlaklarına etkisi verilmiştir.

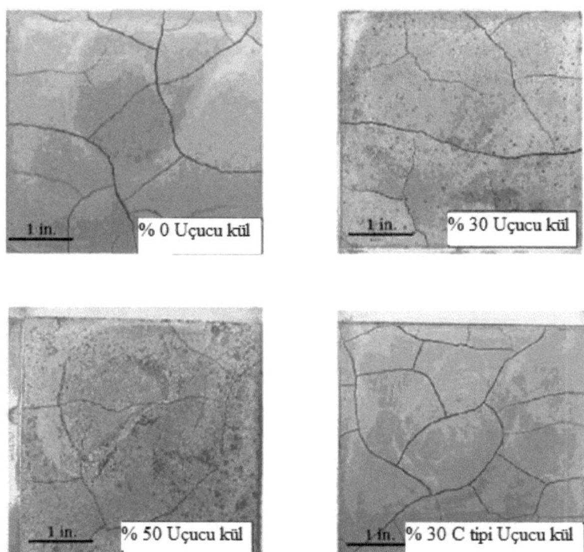

Şekil 2.6. Uçucu kül kullanımının çatlak oluşumuna etkisi (Wang et al., 2001).

Değişik uçucu kül tipleri çimento pastasının yapısını ve plastik rötre davranışını değiştirebilir. F tipi uçucu kül yüksek oranlarda kullanılırsa düşük oranlarda kullanıma kıyasla düşük hidratasyon hızı nedeniyle daha fazla su kaybına neden olmaktadır. C tipi UK kullanımı kapiler basıncı ve plastik rötre çatlaklarını arttırmaktadır (Wang et al., 2001). Silis dumanının plastik rötreden kaynaklanan çekme gerilmelerini önemli derecede azalttığı Şekil 2.7' de görülmektedir. Silis dumanı gibi ince malzeme içeren pasta, harç ve betonlar plastik rötre çatlaklarına karşı daha hassastır (Lura et al., 2007).

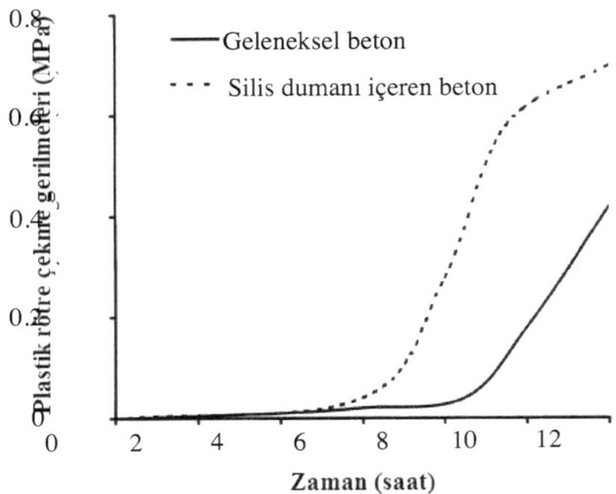

Şekil 2.7. Silis dumanının çekme gerilmelerine etkisi (Bayasi and Mclntyre, 2002).

Çimento pastasında liflerin kullanımı boşluk miktarını arttırdığı için kapiler basıncı ve dolayısıyla plastik rötre çatlaklarını azaltmaktadır (Wang et al., 2001). Bu boşluklar lif ile çimento pastasının arasındaki arayüzeyde oluşmaktadır. Selüloz fiberler hem geleneksel normal dayanımlı hem de yüksek dayanımlı betonun serbest plastik rötresini azaltabilmektedir. Ancak, kısıtlanmış plastik rötre deney sonuçlarına göre toplam çatlak alanı ise geniş bir dağılım göstermektedir (Soroushian and Ravanbakhsh, 1998). Lifin tipi ile lifin yüzey şekli, boyutları ve geometrileri boşluk yapısını ve dolayısıyla plastik rötreyi farklı şekillerde etkileyebilmektedir (Wang et al., 2001; Naaman et al., 2005). Bir başka lif türü polipropilen lif kullanımında ise betonun priz zamanı azalır ve kaba agrega oturması daha az düzeylerde gerçekleşir. Bu durumda daha yüksek oranlarda su tutulur ve terleme de azaltılmış olur. Aynı zamanda bu lifler plastik rötre çatlaklarını da azalmaktadır (Bayasi and Mclntyre, 2002). Genel olarak, düşük çökme gösteren veya lif katkılı betonların plastik rötre çatlaklarına karşı oturmayı azalttıkları için daha hassas oldukları, bir başka ifadeyle daha az plastik rötre çatlakları gösterdiği de bilinmektedir (Lura et al., 2007). Şekil

2.8 ve 2.9' da polipropilen liflerin şekil değiştirme kapasitesi ve plastik rötre çatlaklarına etkileri verilmiştir. Propilen lifler başlangıçta şekil değiştirme kapasitesini azaltırken zaman geçtikçe şekil değiştirme kapasitesi giderek artmaktadır. Lif oranı arttıkça da hem çatlak alanı hem de en büyük çatlak genişliği azalmaktadır.

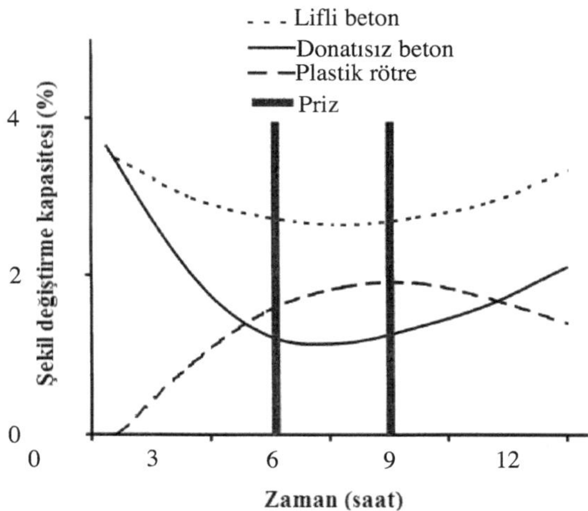

Şekil 2.8. Polipropilen liflerin şekil değiştirmeye etkisi (Bayasi and Mclntyre, 2002).

Plastik rötre çatlaklarına neden olabilecek bir başka etken ise farklı sıcaklık genleşmeleridir. Bu genleşmeler yüzeyden suyun buharlaşması nedeniyle taze betonun içinde bir sıcaklık değişiminden kaynaklanır (Lura et al., 2007). Bir başka etken de otojen rötredir. Suyun buharlaşması önlense bile otojen rötre de taze betonda plastik rötre çatlaklarına neden olabilmektedir (Lura et al., 2007).

Rötre azaltıcı katkıların kullanımında ise uzun dönemde hem rötre hem de rötre çatlakları azaltılabilmektedir. Ayrıca, rötre azaltıcı katkıların kullanıldığı betonlarda geleneksel donatısız betonlarla karşılaştırıldığında daha az klor geçirimliliği, düşük su emme oranı, düşük dayanım, daha düşük elastisite modülü ve kırılma tokluğuna sahip olduğu görülmüştür. Rötre azaltıcı katkı boşluklardaki suyun yüzey gerilmesini azaltarak buharlaşmayı, oturmayı ve harçların ya da betonların yüzeyinde oluşan gerilmeleri azaltırlar. Böylece, plastik rötreyi, plastik rötre çatlak oluşumunu ve hatta oluşan çatlakların genişliklerini azaltmaktadırlar. Aynı işlevi bir rötre azaltıcı katkıya benzer olarak bir yüzey etkinleştirici katkı da sağlayabilmektedir (Lura et al., 2007).

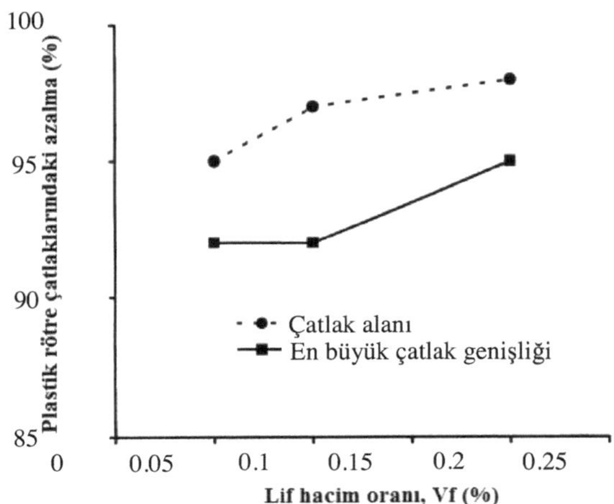

Şekil 2.9. Polipropilen lifin plastik rötre çatlaklarına etkisi (Bayasi and Mclntyre, 2002).

Yapılan bir başka çalışmada ise, hızlı buharlaşmanın en önemli etken olduğu ve beton hemen kalıba döküldükten sonra hızlı buharlaşma önlenirse plastik rötre çatlaklarının da önlenebileceği belirtilmiştir (Ravina and Shalon, 1968).

Bunun için;

a) Polietilen örtülerin kullanımın verimli olduğu,

b) Islak kumun ve farklı havaya karşı yalıtım sağlayan bileşenlerin kullanımının ise şiddetli buharlaşma durumlarında etkisizdir (Ravina and Shalon, 1968).

Diğer çalışmalara benzer olarak, çekme dayanımının oluşan iç gerilmeler ya da şekil değiştirmeler nedeniyle aşıldığında çatlak oluşumunun kaçınılmaz olduğu vurgulanmıştır. Yarı-plastik, plastik veya ıslak harçlarda kuru harçlara göre plastik rötre çatlaklarının oluşmadığı gözlemlenmiştir. Ayrıca, çalışmanın sonuçlarına göre plastik rötre çatlak oluşumu su kaybının, buharlaşma hızının veya rötrenin doğrudan bir fonksiyonu değildir. Çimento içeriğinin etkisi özgün ortam koşullarına göre değişmektedir. Son olarak, terleme ile plastik rötre çatlakları arasında bir korelasyon bulunamamıştır (Ravina and Shalon, 1968). Plastik rötresi Şekil 2.10'daki kalıp ve bu kalıba monte edilebilen komparatörlerle ölçülür. Plastik rötre çatlakları ise Şekil 2.11'de gösterilen deney düzeneğine benzer düzeneklerle belirlenir.

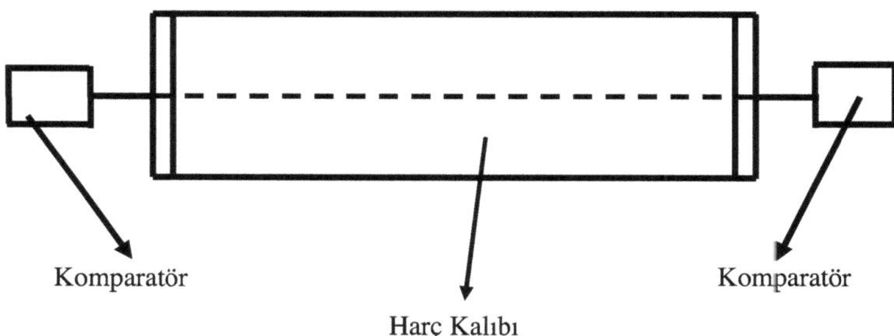

Şekil 2.10. Plastik rötre ölçümü için kalıp şeması.

Şekil 2.11. Plastik rötre ölçümü için düzenekler (Bayasi and Mclntyre, 2002).

2.3. Otojen Rötre

Yerine yerleştirilmiş olan taze betonda, çimento ve su arasındaki reaksiyonların devam edebilmesi için, genellikle yeterli miktarda su bulunmaktadır. Ancak, betonun içerisindeki suyun önemli bir miktarının herhangi bir nedenle kaybolması durumunda, kapiler boşluklardaki bağıl buhar basıncı azalmakta ve hidratasyon yavaşlamaktadır. Betonun içerisindeki suyun önemli bir bölümünün buharlaşması sonucunda, kapiler boşluklarda su azalmaktadır. Buharlaşmanın dışında, kapiler boşlukların içerisindeki suyun azalmasına neden olabilecek bir başka faktör de, su-çimento oranı 0.5'ten daha düşük betonlarda yer alan "öz-kuruma" olarak da adlandırılan kendi kendine kuruma olayıdır. Bir miktar hacim değişikliği oluşturmaktadır. Bu rötrenin miktarı aslında, ihmal edilebilecek kadar azdır. Doğrusal birim deformasyon olarak yazılırsa, bir aylık betonlardaki hidratasyon rötresi $40x10^{-6}$ kadardır (Erdoğan, 2003). Otojen rötrenin gelişimi Şekil 2.12'de gözlenmektedir.

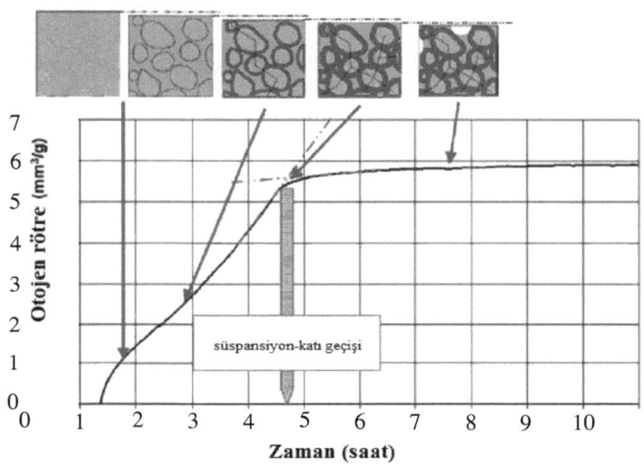

Şekil 2.12. Polipropilen liflerin otojen rötreye etkisi (Barcelo et al., 2005).

Betonun otojen rötresi, çevre şartlarından kaynaklanan nem kaybı olmadan sabit sıcaklık koşullarında meydana gelen şekil değiştirmedir (Barcelo et al., 2005). İlk prizden hemen sonra bağlayıcı malzemelerde gözlenen makroskopik hacim azalması olarak da tanımlanmaktadır (Lee et al., 2006). Oluşmasının asıl nedeni hidratasyon reaksiyonudur. Hidratasyon zamanla geliştikçe mutlak hacim azalır. Çimento ve karışım suyu reaksiyona girdiği ve hidratasyonun başladığı ilk anda şekil değiştirme veya hacimde küçülme gözlenmeye başlanır (Barcelo et al., 2005). Bunun başlıca nedeni özkurumanın hidratasyon başladığı anda gerçekleşmeye ve gelişmeye başlamasıdır (Lee et al., 2006). Teknik açıdan otojen rötre iki aşamada değerlendirilir. İlk aşama otojen plastik rötredir ve hidratasyonun başlangıcında oluşur. İkincisi ise özkuruma rötresi olarak adlandırılan ve priz aldıktan sonra oluşan şekil değiştirmedir (Barcelo et al., 2005). Otojen rötresi, genel olarak özkuruma rötresi, hidratasyon rötresi, kendi yapısından kaynaklanan rötre veya bünyesel rötre adını da alır (Erdoğan, 2003; Topçu, 2006b). Çimento pastalarında otojen plastik rötre kimyasal rötre ile aynı büyüklükleri göstererek gelişmektedir ve tüm tanelerin su ile temas içerisinde olduğu, görünen hacmin değişiminin kısıtlandığı süspansiyon-katı geçişi sırasında sona erer. Yine de, prizin başladığı an civarında gerçekleşen süspansiyon sıvı-katı geçişinin karmaşıklığı nedeniyle otojen rötrenin başlangıç noktasını belirlemek oldukça zordur (Lee et al., 2006). Otojen rötrenin gelişimi Şekil 2.12'de gözlenmektedir.

Bu süspansiyon-katı geçişinin yaşandığı süreç priz süresine bağlıdır (Barcelo et al., 2005). Bu noktadan sonra, özkısıtlama nedeniyle otojen rötre kimyasal rötrenin sadece küçük bir kısmını oluşturur. Çimento matris yapısında, iki tip rötrenin arasındaki farkla ilgili olarak bazı boşluklar gözlenir. Özkuruma bu boşluklar arasındaki dengedir ve toplam boşluklu yapı giderek artar (Barcelo et al., 2005).

Katı haldeki özkuruma durumunda, özkuruma ile otojen şekil değiştirme arasındaki ilişkiyi açıklayan kapiler basınç değişimi, dağılan basınç ve hidratların özgül yüzeyi adlarında üç mekanizma söz konusudur. Ancak, her üç mekanizma da özkurumayı nicel olarak açıklayabilirken, sadece kapiler basınç mekanizması özkurumayı nitel olarak anlatabilir (Barcelo et al, 2005). Kapiler basınç mekanizmasına göre, özkuruma su-hava yüzeyinin menisküsleşmesi (yarım küre ya da yarım ay) şeklini alması sonucu oluşur. Laplace kanunlarına göre bu menisküs (yarım ay şekli) her iki tarafındaki basınç farkı aşağıdaki Denklem 2.1 kullanılarak hesaplanabilmektedir.

$$P_{gaz} - P_s = \frac{2\sigma}{r} = \frac{2\sigma\cos(\alpha)}{R} \quad \text{küresel menisküs için} \qquad (2.1)$$

Havadaki basınç P_{gaz} ve sudaki basınç P_s ile ifade edilmektedir. σ suyun yüzey gerilmesi; r ve R ise sırasıyla menisküsün ve kapiler boşluğun yarıçaplarıdır. α ise katının su ile ıslanma açısıdır. Bu denkleme göre, özkuruma arttığında ve daha küçük boşluklarda menisküsler oluştuğunda sudaki basınç artmaktadır. Bu yüzden de, özkuruma rötresi malzemenin viskoeleastik tepkisidir (Barcelo et al., 2005).

Kelvin kanunlarına göre ise bir kapiler basınç özgün bağıl neme eşittir. Bir başka deyişle, matristeki bağıl neminin gelişimi aynı matristeki kapiler basıncın gelişimi ve değişimine benzer bir davranış gösterir. Bir matristeki bağıl nemin gelişimi takip edildiğinde kapiler basınç değişimi de belirlenebilir. Kelvin kanununa göre geliştirilmiş denklem Denklem 2.2'deki gibidir (Barcelo et al., 2005). Ayrıca, bazı araştırmacılara göre, özgün bağıl nem ile otojen rötre arasındaki ilişki rötrenin ve otojen rötreden kaynaklanan çatlakların önlenmesinde önemli bir rol oynamaktadır (Jiang et al., 2005).

$$P_{gaz} - P_s = -\frac{RT\rho}{M}\ln(H_{R}) \qquad (2.2)$$

Burada, P_{gaz} ve P_s sırasıyla havadaki ve sudaki basınçtır. R ideal gaz sabiti, T sıcaklık, ρ suyun özgül ağırlığı, M molar kütle ve H_R ise bağıl nemdir (Barcelo et al., 2005). Özgül bağıl nem özellikle erken yaşlarda su-bağlayıcı oranı azaltıldığında düşmektedir (Jiang et al., 2005). Ayrıca, erken yaşlarda sisli dumanı özgün bağıl nem oranını azaltır ve otojen rötreyi arttırırken, granüle yüksek fırın cürufu daha ileriki yaşlarda bu aynı davranışı göstermektedir. Ancak, farklı yaşlar için bu mineral katkıların kullanımında özgün bağıl nem ile doğrusal bir ilişki gözlenememektedir (Jiang et al., 2005). Özgün bağıl nem ve otojen arasındaki dikkate değer doğrusal ilişki başka deneysel çalışmalarda da elde edilmiş ve Kelvin kanunlarına benzer farklı denklemler ortaya konmuştur. Örneğin Jiang et. al., (2005) çimento pastasının otojen rötresi ve özgün bağıl nem arasındaki ilişki için Denklem 2.3'ü önermişlerdir.

$$\varepsilon_s(h_s) = mh_s + n \tag{2.3}$$

Yukarıdaki denklemde ε_s çimento pastasının otojen rötresini ve h_s ise özkuruma sonucu olan otojen ya da özgün bağıl nemini ifade etmektedir. m ve n ise birer sabittir. Otojen rötrenin genel olarak gelişim mekanizması Şekil 2.13'deki gibidir.

Yapılan bir çalışmaya göre, otojen rötre çimentonun inceliğinden, C_3A miktarından, C_3A kristalinin oluşumunu etkileyen klinkerdeki sülfat-alkali oranından ve şişmeye neden olan serbest kireç miktarından etkilenir. Görülmektedir ki, otojen rötre mekanizması sadece hidratasyon reaksiyonun hacim dengesinden kaynaklanan özkurumanın fiziksel mekanizmasıyla açıklanmayacağı açıktır. Erken hidrate ürünlerinin oluşumu da zamanla azalan bir otojen şişme olayı nedeniyle gerçekleştiği görülmüştür. Bu olayı tarif edebilmek için erken hacim değişimlerinin hidratasyonun kimyasının ve suyun fiziğinin birlikte değerlendirilmesi zorunludur. Klinkerin sülfat-alkali oranı ve serbest kireç miktarı bu şişme fazının gelişme şiddetini arttırmaktadır. İşte bu nedenlerle mekanizmada geleneksel portland çimentosunun kür yapılmaya başlandığında gösterdiği başlangıç şişmesinin de etkili olduğu bildirilmiş ve mekanizma şeması Barcelo et al., tarafından aşağıdaki şekildeki gibi modifiye edilmiştir (Şekil 2.14) (Barcelo et al., 2005; Saric-Coric and Aitcin, 2003).

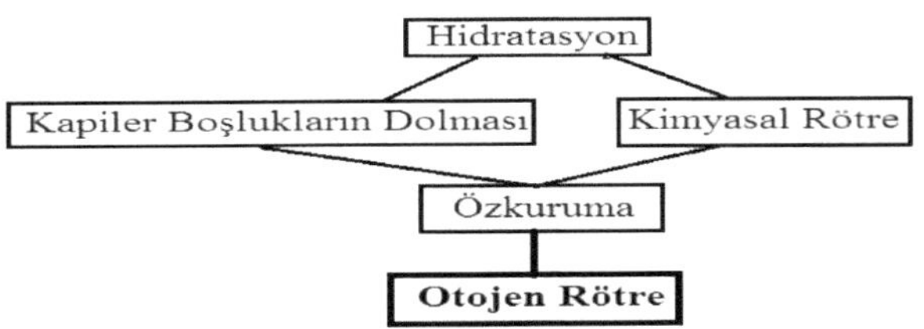

Şekil 2.13. Kabul edilen otojen rötre mekanizması (Barcelo et al., 2005).

Özkuruma özellikle reaktif mineral katkılar ve süper akışkanlaştırıcılar içeren düşük su/bağlayıcı oranı ile ifade edilen yüksek performanslı çimento ürünlerinde (yüksek performanslı beton gibi) yaygın olarak gerçekleşen bir olaydır. Beton içindeki çimento pastasının özkuruması özgün bağıl nemde (otojen bağıl nem) doğal olarak bir azalmaya yol açar ve bu yüzden özellikle erken yaşlarda beton yapılarda çatlak oluşma riskini arttıran otojen rötre ile sonuçlanır (Jiang et al., 2005). Bunun yanında, bağlayıcı miktarı ve su/bağlayıcı oranı yüksek silis dumanı ve süperakışkanlaştırıcılar kullanılarak üretilen yüksek dayanımlı ve yüksek performanslı betonların da günümüzde bütün dünyada yaygın olarak kullanılmaya başlandığı bilinmektedir (Mazloom et al., 2004). Bu tür betonlarda çatlak oluşumunu zararlı maddelerin girişini ve bu betonlarda bu nedenle meydana gelebilecek performans kaybını önlemek tasarımcılarım dikkat etmesi gereken önemli koşullarda biridir. Bu çatlakların bazıları otojen ve kuruma rötreleri nedeniyle oluşabilmektedir. Bu tür yüksek dayanımlı ve yüksek performanslı betonların dayanıklılığını artırmak için otojen rötre ve kuruma rötreleri en düşük seviyede tutulmalı ya da oluşumları engellenmelidir (Mazloom et al., 2004). Özellikle, yüksek dayanımlı betonlarda otojen rötre çatlak oluşumu riski, geleneksel normal dayanım düzeyine sahip betonlara göre önemli derecede yüksektir (Mazloom et al., 2004; Yang et al., 2005; Termkhajornkit et al., 2005).

Geleneksel normal dayanımlı betonda erken yaşlardaki çatlaklar uygun kür yöntemleriyle engellenebilir ancak yeterli bir kür yöntemi ve süresi uygulansa dahi yüksek dayanımlı ve performanslı betonda otojen rötre ve rötre çatlakları genellikle önlenemez (Termkhajornkit et al., 2005). Silis dumanı gibi yüksek dayanım sağlayan bir mineral katkı otojen rötreyi arttırmakta, kuruma rötresini azaltmakta ancak toplam rötreyi etkilememektedir (Mazloom et al., 2004; Yang et al., 2005). Uçucu kül mineral katkısı içeren betonlarda otojen rötrenin gelişimi uçucu külün hidratasyon derecesi veya puzolanik aktivitesine bağlıdır (Termkhajornkit et al., 2005).

Öğütülmüş granüle yüksek fırın cürufunun mineral katkı olarak kullanıldığı betonlarda ise geleneksel betonun otojen rötresinden daha yüksek otojen rötre sonuçları elde edilmiştir (Lee et al., 2006). Buradan, betonda mineral katkı olarak kullanılan çimentonun veya bağlayıcı puzolanın hidratasyon ya da puzolanik reaksiyon hızına bağlı olarak kimyasal rötrenin artmasının ve daha küçük boşluklu yapının oluşmasının otojen rötrenin artmasına yol açmaktadır.

Düşük su-bağlayıcı oranlarına sahip yüksek performanslı betonlarda otojen rötre gelişimini azaltmak için uygulanacak yöntemlerden biri, priz başlamadan hemen önce mümkün olan en kısa sürede su kürüne başlamaktır. Buna rağmen, yüzeyinden erken su kürü uygulaması kolon ya da kiriş gibi yapısal elemanların otojen rötresini önlemeyebilir çünkü elemanın tabanı ve iç kesimleri dışarıdan verilen suyun ulaşması için çok uzak olabilir. Otojen rötreyi azaltmak için malzeme seçimi gibi çözümler su kürü ile uygulanır (Saric-Coric and Aitcin, 2003).

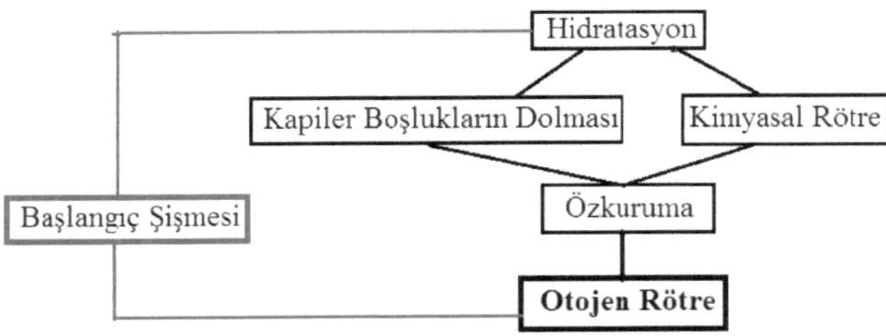

Şekil 2.14. Olması gereken otojen rötre mekanizması (Barcelo et al., 2005).

Yüksek performanslı betonlarda erken yaşlardaki hacim değişiklikler çok önemlidir. Priz başlamadan hemen önce, plastik kıvamdadır ve yüksek bir çekme şekil değiştirme kapasitesine sahiptir. Dolayısıyla, çatlak oluşum olasılığı daha düşüktür (Mazloom et al., 2004; Lee et al., 2006). Ancak, bu yaşlarda gerçekleşen rötre agrega-çimento ara fazını zayıflatarak kuruma rötresi sırasında çatlak oluşumu riskini arttırabilir. Bu yaşlarda, priz başladıktan hemen sonra ve betonun iç iskeleti oluştuğunda betonun çekme şekil değiştirme kapasitesi çok düşüktür ve beton çatlak oluşumuna karşı hassas hale gelir. Hatta en yüksek otojen rötre değerleri bu erken yaşlarda elde edilir (Mazloom et al., 2004). Bu nedenle, bir harç veya bir beton türünün oluşan otojen rötresinin en büyük değerini belirlemek için 24 saatin altındaki olası ilk priz alma süresinden yani priz başlangıcından hemen önce ölçülmelidir (Lee et al., 2006).

Sonuç olarak, otojen rötre özellikle erken yaştaki yüksek dayanımlı ve performanslı betonlarda dikkat edilmesi gereken en önemli özeliklerden bir tanesidir (Mazloom et al., 2004; Yang et al., 2005). Bununla beraber, plastik, otojen ya da kuruma rötresi gibi herhangi bir rötre tipinden oluşan çatlaklar türlerinin hepsi bir betona zararlı ve reaktif kimyasal ajanların girişini ve betonarme betonlarının içine gömülmüş çelik donatıların korozyonunu kolaylaştırır. Bu dayanıklılık, dayanım ve performanstaki kayıplar nedeniyle hizmet ömrü yüksek olması istenen betonarme binalarda kullanılan normal dayanımlı geleneksel betonun rötresinin kontrolü de çok önem kazanmıştır (Saric-Coric and Aitcin, 2003). Otojen rötre sıcaklığın da ölçülebildiği ve Şekil 2.15 ile 2.16'da bazı tiplerinin şemaları verilen düzenekler yardımıyla yatay ya da dikey yönde ölçülmektedir. Otojen rötreyi ölçmek için Şekil 2.17'deki yöntem kullanılır.

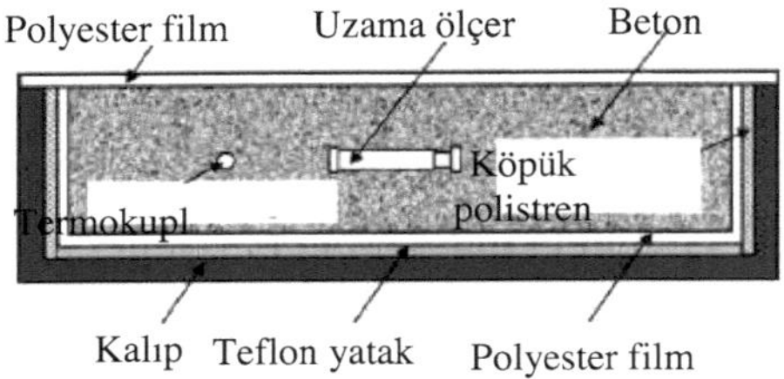

Şekil 2.15. Otojen rötre deney düzeneği şeması (Yang et al., 2005).

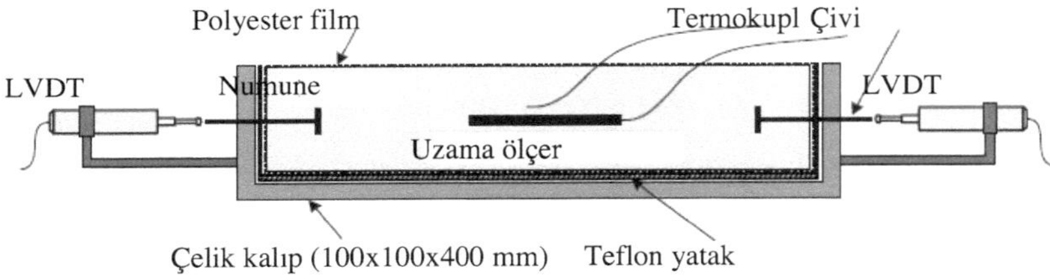

Şekil 2.16. Farklı bir otojen rötre deney düzeneği şeması (Yang et al., 2005).

Termokupl, uzama ölçerler, teflon yatak, polyester film ve köpük polistrenin kullanıldığı değişik yatay veya dikey kalıplar ve düzenekler kullanılmaktadır. Otojen rötrenin erken yaşlarda kuruma koşullarında da meydan geldiği bildirilmiştir (Yang et al., 2005).

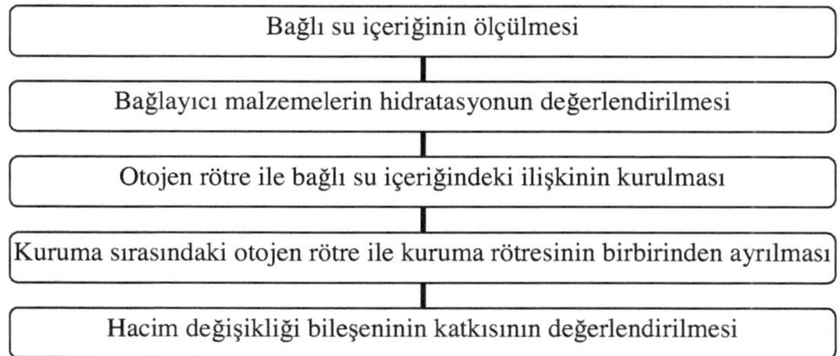

Şekil 2.17. Kuruma sırasındaki otojen rötre değerlendirme yöntemi (Yang et al., 2005).

2.4. Karbonatlaşma Rötresi

Karbonatlaşma rötresi çimento matrisi içindeki kalsiyum hidroksitin ($Ca(OH_2)$) atmosferdeki karbondioksitle (CO_2) reaksiyonu nedeniyle oluşur (ACI 209.1R-05, 2005). Betonun içerisindeki çimentonun hidratasyonu sonucunda ortaya çıkmış olan ve çimento hamurunun yapısında yer alan kalsiyum hidroksitin bir kısmı betonun içerisine sızan sular tarafından çözünmektedir. Kalsiyum hidroksit eriyiği içeren sular, kapiler hareketle, beton yüzeyine veya yüzeye yakın bölgelere hareket etmektedir. Kalsiyum hidroksitin havadaki karbon dioksit ile (Denklem 2.4) reaksiyonu sonucunda kalsiyum karbonat ($CaCO_3$) ve bir miktar su açığa çıkmaktadır (Erdoğan, 2003).

$$Ca(OH)_2 + CO_2 \rightarrow CaCO_3 + H_2O \tag{2.4}$$

Denklem 2.4'de görüldüğü gibi, karbonatlaşma olayıyla, betondaki çimentoda yer alan kalsiyum hidroksitin yapısındaki su açığa çıkarak buharlaşma veya benzeri nedenlerle kaybolmaktadır. Bünyesindeki suyun bir bölümünü kaybetmiş olan çimento hamuru bir miktar rötre göstermektedir (Erdoğan, 2003).

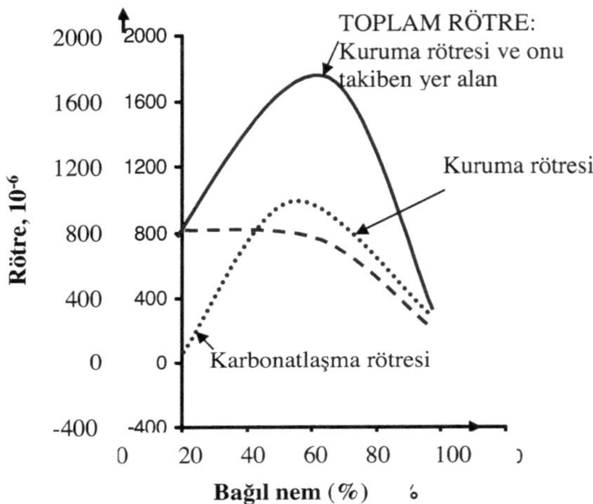

Şekil 2.18. Çimento harcının kuruma ve karbonatlaşma rötresi (Erdoğan, 2003).

Karbonatlaşma olayıyla betonda yer alan rötreye "karbonatlaşma rötresi" denilmektedir. Karbonatlaşma rötresi nedeniyle betonun yüzeyinde ve yüzeye yakın bölgelerinde çatlaklar oluşmaktadır. Bu çatlaklar gelişigüzel yönlerde uzanan çatlaklardır. Yüzeydeki çatlaklar, çok derin olmayan ve örümcek ağı gibi rastgele yönlerde yer alan çatlaklar görünümündedir. Karbonatlaşmanın hızı, betonun geçirimliliğine, havadaki CO_2 ve bağıl nem miktarına bağlıdır (Erdoğan, 2003).

Betondaki su-çimento oranı ve betona uygulanan kürün süresi, betondaki kapiler boşluk miktarını ve buna bağlı olarak, betonun geçirimliliğini etkileyen önemli faktörler arasındadır. Su-çimento oranı yüksek olan veya iyi kür edilmemiş olan betonlarda karbonatlaşma etkisi yüzeyden daha içerideki bölgelerde yer alır (Erdoğan, 2003).

Değişik bağıl nem ortamlarında çimento harcının kuruma ve karbonatlaşma rötresi Şekil 2.18'de gösterilmektedir. Buradan görülebileceği gibi, % 50 bağıl nem ortamında, karbonatlaşma rötresi çok büyük olmaktadır. Bağıl nemin % 50'den daha düşük veya daha yüksek olduğu ortamlarda, karbonatlaşma daha az olmaktadır. Yaklaşık % 25-100 arası bağıl nemde ise, karbonatlaşma yer almamaktadır. Bağıl nemin % 25 gibi düşük değerlerdeki ortamda, çimento hamurunda karbonatlaşmaya yol açacak kadar yeterli miktarda su filmi bulunmamakta ve karbonatlaşma hızı çok düşük olmaktadır. Bağıl nemin % 100'e vardığı ortamda ise, çimento hamurunun içindeki gözenekler suyla dolu oldukları için, karbonatlaşma olayını gerçekleştiren CO_2'in, çimento hamurunun içindeki gözeneklerden sızması zor olmaktadır (Erdoğan, 2003).

2.5. Kuruma Rötresi

Çevre koşullarına maruz bırakılarak sabit bir bağıl nem ve sıcaklık altında kurumasına izin verilen bir numunede su kaybından oluşan zamana bağlı hacim azalması şeklindeki rötreye kuruma rötresi denmektedir (ACI 209.1R-05, 2005; Almudaiheem and Hansen; 1987). Normal dayanımlı geleneksel betonlarda rötre şekil değiştirmesinin tamamının kuruma rötresinden kaynaklandığı varsayılır ve otojen rötrenin katkısı ihmal edilir. Çünkü kuruma malzeme içinde nem hareketini ve su kaybını içerir. Oluşan kuruma rötresi, su kaybı oranını etkileyen numunenin şekli ve boyutları gibi farklı faktörlere bağlı olarak değişir (ACI 209.1R-05, 2005; Almudaiheem and Hansen; 1987). Kuruma rötresi, normal boyutlardaki bir yapısal elemanda boyut arttıkça azalır (Almudaiheem and Hansen; 1987). Kuruma rötresinin su kaybı ile olan ilişkisi düşünüldüğünde, normal boyutlardaki numunelerde ise kuruma sürecinin uzun olması nedeniyle elde edilmesi deneysel olarak zor olsa da, nihai bir değere ulaşması beklenmektedir (ACI 209.1R-05, 2005). Kuruma rötresi değeri, bir betonarme elemanın yüzeyinde en fazla değerini alır ve numune içlerine doğru giderek azalır (Nejadi and Gilbert, 2004). Bununla beraber, numunenin boyutu ve şeklinin nihai kuruma rötresine etkisi tartışmalı bir husustur. Ancak, geçerli ACI şartnamelerine göre, nihai rötre değeri numune boyutlarının arttıkça azaldığı kabul edilir (Almudaiheem and Hansen; 1987). Sonuç olarak, çimento pastası harç ve beton numunelerinin kurum rötreleri bu numunelerin boyut ve şekillerinden etkilenmektedir (Almudaiheem and Hansen; 1987). Yapısal elemanların kuruma rötreleri de kuruma rötresi-kuruma zamanı eğrilerinden öngörülebilmektedir. Ayrıca, kuruma rötresinin zamana bağlı gelişimi modifiye edilmiş Ross denklemi ile tahmin edilebilir (Almudaiheem and Hansen; 1987).

Kuruma rötresi, beton için olumsuz bir özeliktir. Yapı tasarımında hassas bir şekilde hesaba katılmazsa, sırasıyla donatının korozyona uğramasına yol açan ve yapının hizmet ömrü ile yapısal güvenilirliğinde azalmaya neden olan bir takım şiddetli ve zararlı çatlak oluşumu gözlenebilir (Almudaiheem and Hansen; 1987). Ayrıca, donatının kendisi de kuruma sırasında rötreyi kısıtlar ve tersine bir çekme kuvveti oluşmasına neden olur. Betonarme betonun içindeki donatının etkisiyle oluşan iç gerilmeler de çatlak oluşumu olasılığını arttırmaktadır (Nejadi and Gilbert, 2004). Yapının temelinde, betonarme duvarlar gibi elemanlarda da rötrenin kısıtlanması ve çatlak oluşumu söz konusudur (Nejadi and Gilbert, 2004). Ayrıca, bu çatlaklar yüklemeden de kaynaklanabilmektedir. Dolayısıyla, bir betonarme yapı elemanındaki çatlakların birbiri ile ilişkisi olmayan farklı bölgelerde gelişen, çatlak genişlikleri ve çatlak aralıkları çok değişken ve modellenmesi zor çatlaklardır (Nejadi and Gilbert, 2004). Verilen sabit bir çevre ve ortam koşullarında kuruma rötresinden kaynaklanan kısıtlanmış rötre çatlağı oluşma olasılığı serbest kuruma rötresi, sünme, çekme dayanımı ve kısıtlama derecesi faktörlerine bağlıdır (Shah et al., 1992).

Silis dumanı ve cüruf kullanımı sadece başlangıç kuruma rötresini düşürmektedir. Uzun dönem kuruma rötresine ise tam aksi yönde etki ederek normal portland çimentolu numunelere göre şekil değiştirmelerde artışa neden olmaktadırlar (Filho et al., 2005). Geri dönüştürülmüş agregalar ise doğal agregaların kullanımına göre kuruma rötresini arttırmaktadırlar. Bu tür harçlarda metal lif eklenmesi rötreyi % 15 oranında ve polipropilen lif kullanımı ise çok az değiştirmektedir.

Ayrıca, bu geri dönüştürülmüş agregalı harçlarda % 25'den daha fazla lif kullanımı rötre çatlak genişliklerini de azaltmaktadır (Mesbah and Buyle-Bodin, 1999). Yüksek fırın cürufu agregalı alkali aktivite edilmiş betonlarda ise düşük kuruma rötreleri ve kısıtlanmış rötre çatlakları elde edilmiştir (Collins and Sanjayan, 2000a). Benzer şekilde, uçucu külün peletlenmesi ile üretilen hafif agregaların kullanılması ile yine betonun kuruma rötresi azaltılmış, çekme dayanımı arttırılmış ve rötre çatlaklarının oluşum süresi uzatılarak genişlikleri de azaltılmıştır (Gesoğlu et al., 2006). Lastik agrega kullanımında ise şekil değiştirme kapasitesi arttırılarak kuruma rötresini kısıtlanmasıyla oluşan çatlaklarının genişlikleri azaltılabilmiştir. Buna rağmen, kuruma rötresinden kaynaklanan boy değişimleri ise yani kuruma rötresi değerleri normal betonlara göre daha yüksek seviyede çıkmıştır (Turatsinze et al., 2007).

Bununla beraber, hafif agregaların betonun kuruma rötresini düşük elastisite modülleri ve ince agrega miktarını arttırmaları nedeniyle genel olarak yükseltmektedir. Buna rağmen, değişik hafif agrega tiplerinin değişik kuruma rötresi etkilerinin olduğu bilinmektedir (Kayali et al., 1999). Bu etkiyi, hafif agreganın kendi elastik ve mekanik özelikleri, agrega, su ve çimento miktarı, ortam koşulları, kür süresi ve yöntemi gibi kuruma rötresini etkileyen birçok faktörün birlikte gösterdikleri davranış belirlemektedir. Ayrıca, betonda düşük elastisite modülü kuruma rötresindeki şekil değiştirmeyi arttırmaktadır. Buna karşın, yüksek çekme dayanımına ve düşük elastisite modülüne sahip betonlarda kuruma rötresinin kısıtlanmasından kaynaklanan gerilmeler nedeniyle çatlak oluşma olasılığı ve çatlak genişlikleri düşüktür (Kayali et al., 1999).

Kısıtlanmış rötre çatlakları genellikle ekonomik ve kolay olduğu için halka deneyi ile belirlenir (Bisschop and van Mier, 2002). Bunun yanında, kısıtlanmış rötrenin sayısal değerini ortaya koymakta kullanılabilirliği araştırmacılar tarafından belirtilmektedir (See et al., 2003). Optik bir mikroskop yardımıyla oluşan çatlakların genişlikleri ölçülmektedir (Bisschop and van Mier, 2002; Hossain and Weiss, 2006). Beton serbest kuruma rötresindeki boy değişimleri ise ASTM C157'deki prosedüre göre bir komparatör kullanılarak ölçülür (See et al., 2003).

Kuruma rötresinin veya çatlakların özeliklerinin tahmini de önemli bir husustur ACI, CEB gibi kuruluşlar tahmin modellerinin geliştirilmesine katkı sağlamışlardır fakat bu modellerin bazı durumlarda kullanılması uygun olmayabilmektedir (Bissonette et al., 1999). Bu modeller ileriki bölümlerde tartışılacaktır.

2.5.1. Kuruma rötresini etkileyen faktörler

Betonun kuruma rötresinin büyüklüğünü ve oluşma oranını etkileyen pek çok faktör vardır. Bu faktörler karışım oranları ve karışım bileşenlerinin etkisi, çevre koşullarının etkisi ve numune özeliklerinin (tasarım-yapım) etkisi olmak üzere üç grup altında değerlendirilmektedir. Bu grupların içerdiği alt gruplar aşağıda tartışılmıştır.

2.5.1.1. Agrega içeriği

Betonun potansiyel rötresini etkileyen en önemli faktör agreganın çimento pastasının rötresini kısıtladığı için karışımdaki toplam agrega hacmidir. Betonun rötresi Şekil 2.19'da agrega içeriğinin etkisi % 0 ve 50 arasındaki hacim oranları için gösterilmektedir.

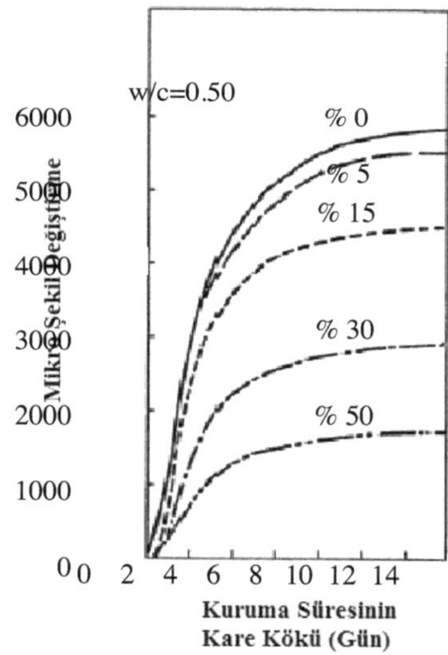

Şekil 2.19. Agrega hacim içeriğinin kuruma rötresine etkisi (ACI 209.1R-05, 2005).

S_C çimento pastasının rötresi S_p ve agrega içeriğinin hacmi g ile doğru orantılıdır. Denklem 2.4 bu ilişkiyi göstermektedir. Buradan bir değişkendir ve 1.2 ile 1.7 arasında değişmektedir. Günümüzde üretilen betonların çoğu 0.6 ile 0.8 arasında agrega içeriğine sahiptir (ACI 209.1R-05, 2005).

$$S_C = S_p(1-g)^n \quad (2.5)$$

2.5.1.2. Agrega boyutu ve tane dağılımı

Genellikle agrega tane boyutundaki artış çimento pastasının miktarını azalttığı için kuruma rötresini de azaltmaktadır. Agreganın boyutu ve tane dağılımı doğrudan kuruma rötresini etkilemez ancak 6-150 mm arasındaki bir en büyük agrega tane boyutu değişimi agrega hacminin 0.6'dan 0.8'e yükselmesi işe sonuçlanır. Bu hacim artışı da kuruma rötresinde % 50'ye varan oranlarda azalma demektir.

2.5.1.3. Su içeriği, çimento miktarı ve çökme

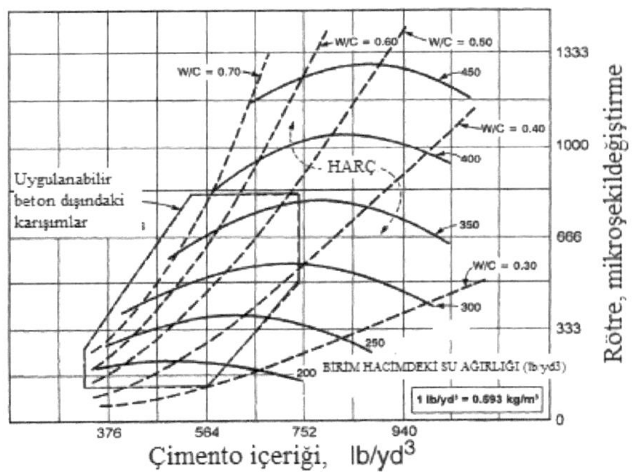

Şekil 2.20. Su ve içeriklerinin kuruma rötresine etkisi (ACI 209.1R-05, 2005).

Su ve çimento içeriğinin artması karışımdaki agrega miktarını azaltacağı için kuruma rötresini arttıran bir eğilime yol açar. Benzer şekilde, geleneksel bir yöntemle betonun çökmesi, su eklenerek su-çimento oranının veya çimento pastası oranının yükseltilmesiyle arttırılırsa rötre de artacaktır. Şekil 2.20'de çimento ve su içeriği artışlarının kuruma rötresine etkisi görülmektedir (ACI 209.1R-05, 2005).

2.5.1.4. Agreganın elastik özelikleri

Agrega rötreyi kısıtlar. Kaba agrega daha rijit olduğu için ince agregaya göre daha fazla rötreyi kısıtlar. Şekil 2.21'de görüldüğü gibi daha yüksek elastisite modülüne sahip bir agrega türü ile üretilen betonlar daha düşük elastisite modülüne sahip bir agrega içeren betonlarla karşılaştırıldığında daha düşük kuruma rötresi gösterme eğilimindedir. Agreganın elastisite modülü önemli bir etkendir (ACI 209.1R-05, 2005).

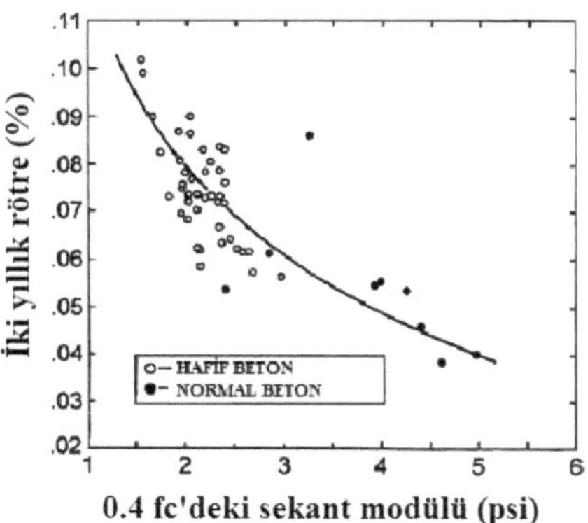

Şekil 2.21. Agreganın E modülünün kuruma rötresine etkisi (ACI 209.1R-05, 2005).

2.5.1.5. Agreganın kil içeriği

Agreganın içerisindeki kil, inceliği ve yapısından kaynaklanan yüksek su gereksinimi nedeniyle kuruma rötresini arttırmaktadır (ACI 209.1R-05, 2005).

2.5.1.6. Hafif agregalar

Hafif agregalar genellikle kuruma rötresini arttırırlar. Ancak, uygun malzeme seçimi ile orta büyüklüklerde kuruma rötresi elde edilebilir (ACI 209.1R-05, 2005).

2.5.1.7. Çimento özelikleri

Çimentonun kimyası rötre gelişiminde çok önemli bir rol oynamaktadır. Düşük sülfat içeriğine sahip çimentolar kuruma rötresini arttırabilirler. Yüksek oranda alümin içeren çimentolarda genellikle rötre çok hızlı ve çabuk bir şekilde yer alır. Son olarak, çimentonun inceliğinin artması da, betonun su gereksinimini arttırması nedeniyle betonun kuruma rötresini arttırır (ACI 209.1R-05, 2005).

2.5.1.8. Hava içeriği

Hava içeriği % 8'in altında olduğu durumlarda kuruma rötresine etkisi yoktur ancak bu hava içeriğinin üzerinde kuruma rötresi oluşabilir (ACI 209.1R-05, 2005).

2.5.1.9. Katkılar

Çizelge 2.1. Katkıların etkileri (ACI 209.1R-05, 2005)

Katkı türü	Kuruma rötresi
Su-azaltıcı ve yüksek oranda su- azaltıcı	Bileşenlerine bağlı olarak aynı miktarı için % 20 oranında artış görülebilir
Öğütülmüş cüruf	Yer değiştirme oranındaki artış ile artar
Uçucu kül	Değişim yok
Silis dumanı (% 7,5'den	Azalır

Hem kimyasal hem de mineral katkılar su gereksinimini ve çimento içeriğini etkiledikleri için ölçülen rötreyi de farklı biçimlerde etkilemektedirler. Çizelge 2.1' de bazı katkıların rötreye etkileri sunulmuştur. Eğer, yeni tür bir katkı kullanılacaksa rötreye etkisi boy değişimi ölçülerek araştırılmalıdır. Ayrıca, son zamanlarda rötreyi azaltıcı katkılar da geliştirilmiştir (ACI 209.1R-05, 2005).

2.5.1.10. Bağıl nem

Rötre betonu çevreleyen havanın bağıl neminden etkilenmektedir. Su içinde şekil değiştirmesi kısıtlanmamışsa beton şişer. Denklem 2.5'de kuruma rötresi ve bağıl nem arasındaki ilişkiyi açıklamak için en yaygın şekilde kullanılan formül verilmiştir. Burada h bağıl nemdir (ACI 209.1R-05, 2005).

$$Rötre \infty 1-(\frac{h}{100})^{b} \qquad (2.6)$$

Bu denklem % 50 bağıl nemin altındaki betonlara veri eksikliği nedeniyle uygulanamayabilir. Daha çok kuru veya çöl iklimlerindeki ve içerisinde nem olmayan binaların betonlarında kullanılmak üzere uygundur (ACI 209.1R-05, 2005).

2.5.1.11. Çevrimsel bağıl nem

Çevrimli bağıl neme maruz bırakılan beton için kuruma rötresi değerlendirildiğinde, % 65 sabit bağıl nem ortamında saklanan numuneler, ortalama olarak % 65 bağıl nem seviyesinde ancak % 40 ile 90 bağıl nem arasında çevrimler altında saklanan numunelere göre fazla rötre göstermektedir (ACI 209.1R-05, 2005).

2.5.1.12. Sıcaklık

Kuruma rötresine yüksek sıcaklığın etkisi ile ilgili çok az çalışma söz konusudur. Ancak, tipik bir taşıyıcı betonlara uzun süreli yüksek sıcaklık uygulandığında rötrenin oluşma hızı ve süresinde yaklaşık olarak % 6 ve nihai rötrede % 15 oranlarında artışa meydana gelmektedir (ACI 209.1R-05, 2005).

2.5.1.13. Kür süresi

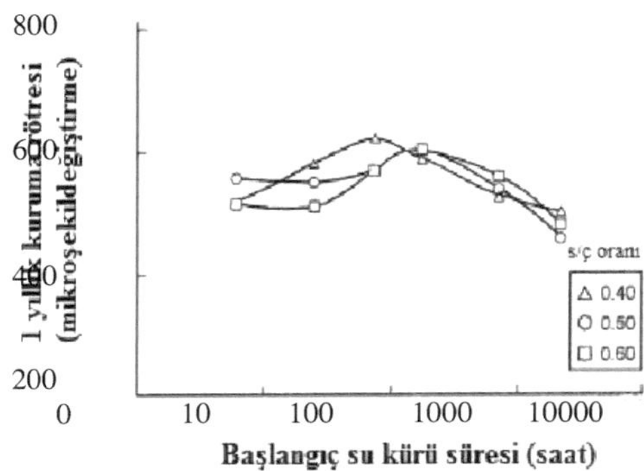

Şekil 2.22. Kür süresinin kuruma rötresine etkisi (ACI 209.1R-05, 2005).

Su içinde uzun kür süreleri bir beton karışımında kuruma rötresi miktarını % 10 ile 20 arasında azaltabilmektedir. Değişik su-çimento oranına sahip betonlar için kür süresinin etkisi değişmektedir. Yapılan çalışmalar 4 ile 8 gün arasındaki süreden fazla ve 35 ile 50 gün arasındaki süreden az su kürü kuruma rötresini arttırabilir (ACI 209.1R-05, 2005). Şekil 2.22'de kür süresinin değişik su-çimento oranlarına sahip betonlar için kuruma rötresine etkisi sunulmaktadır (ACI 209.1R-05, 2005).

2.5.1.14. Isıl işlem kürü

Sıcaklık ve buharla yapılan ısıl işlem kürü betonun kuruma rötresini % 30 oranında azaltabilir (ACI 209.1R-05, 2005).

2.5.1.15. Numunenin şekli ve boyutları

Yukarıda da belirtildiği gibi daha geniş boyutlarda numuneler daha düşük hızda daha az rötreye sahiptir. Rötrenin oluşma hızı genellikle Denklem 2.6'daki gibi numunenin hacminin kuruma yüzeyine oranı ile ters oranlıdır (ACI 209.1R-05, 2005). Burada V hacim ve S ise yüzey alanıdır.

$$Rötre \propto \frac{1}{(\frac{V}{S})^2} \quad (2.7)$$

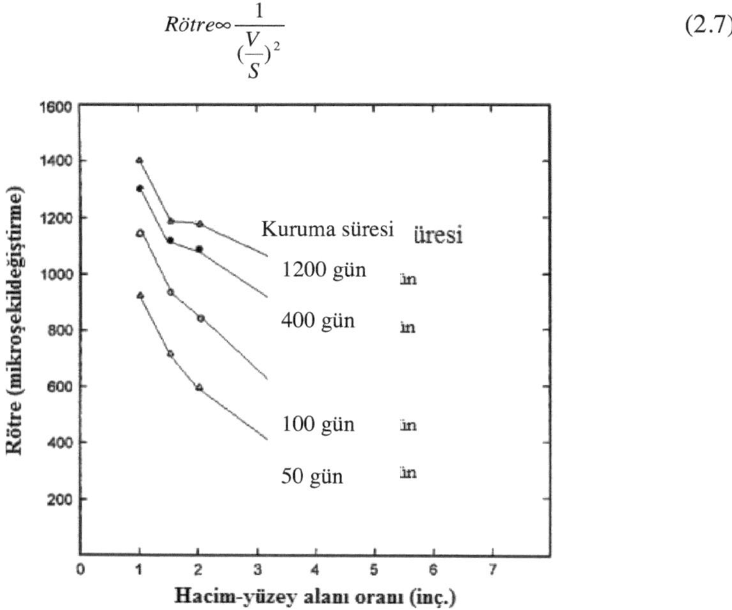

Şekil 2.23. Hacim-kuruma yüzey alanının rötreye etkisi (ACI 209.1R-05, 2005).

Değişik hacim-yüzey oranına sahip beton elemanların rötreleri Şekil 2.23'de verilmiştir. Numunenin şekli ise suyun dışarıdaki kuruma ortamına çıkarken kat ettiği mesafeyi değiştirerek rötreyi etkilemektedir.

Aynı zamanda, homojen olmayan rötre nedeniyle kuruyan betonun içindeki numunenin veya elamanın kesit alanı boyunca oluşan gerilmelerin dağılımını da değiştirmektedir.

2.5.2. Halka deneyi

Kuruma rötresi kısıtlandığında oluşan iç gerilmeler ve şekil değiştirmeler nedeniyle çatlaklar oluşmaktadır. Son yıllarda, bu çatlakları kuruma rötresini oluşturmak ve çatlak oluşumunu sayısal olarak ölçebilmek için halka deneyi adı verilen bir deney düzeneği kullanılmaktadır (Hossain and Weiss, 2006). Bir halka numunesi çatlak oluşturmak için genellikle % 50±5 bağıl nem ile 23±2 °C sıcaklık koşulları altında çelik halka sökülerek dıştaki yuvarlak yüzeyden kurumaya maruz bırakılırlar (Collins and Sanjayan, 2000a). Bunun dışında, farklı boyutlardaki bir halka kalıbı ile üst ve alt yüzeylerinden de kurumaya maruz bırakılabilir (Hossain and Weiss, 2006). Dış yüzeyinden kurumaya bırakmak amacıyla, numunelerde üst yüzeyin havanın bağıl neminden ve sıcaklığından yalıtılması için silikon bir malzemeyle kaplanması gerekmektedir. Alt yüzey kalıbın alt tabakasıyla örtülüdür.

Bir optik çatlak mikroskobu ile ya da otomatik bir görüntüleme sistemi kullanılarak çatlak genişlikleri ölçülür (Mesbah and Buyle-Bodin, 1999). Çatlak genişlikleri çok küçüktür ve genellikle 0.02 mm hassasiyetle ölçülürler. Aksi takdirde, daha kaba ölçümler değişik numuneler arasındaki farkları ortaya çıkarmakta yetersiz kalabilirler. Hatta kuruma rötresinden oluşan mikroçatlaklar bile optik veya elektron taramalı mikroskoplar kullanılarak ölçülebilmektedir (Bisschop and van Mier, 2002). Bu halka numuneleri belli bir yüzey kuruma alanını sağlamak koşuluyla farklı boyutlara sahip olabilmektedirler (Collins and Sanjayan, 2000a; Gesoğlu et al., 2006). Şekil 2.24 ve Şekil 2.25'de farklı boyutlarda iki tip halka kalıbının şematik görünümleri gösterilmiştir. Ölçüler milimetre cinsindendir. Boyutlar arasında çok az farklılıklar gözlenmektedir. Serbest kuruma rötresi için de farklı tiplerde boy değişimini ölçmeye yarayan deney düzenekleri de kullanılabilmektedir. Bu farklılıklara rağmen çatlak genişlikleri ve boy değişimi göreceli olarak ölçülmektedir.

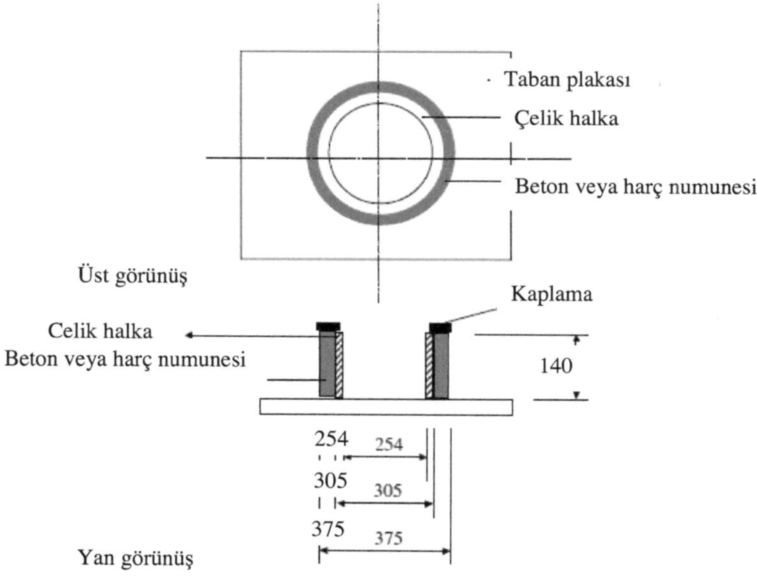

Şekil 2.24. 1. tip halka kalıbı (Gesoğlu et al., 2006).

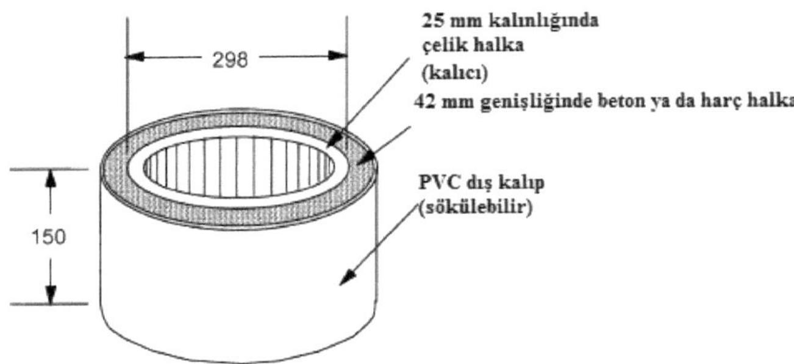

Şekil 2.25. 2. tip halka kalıbı (Collins and Sanjayan, 2000a).

Şekil 2.26'da çatlak genişliğini ölçmek için tasarlanmış görüntüleme, görüntü işleme ve görüntüyü kaydetme işlemlerini kullanarak çatlak genişliklerinin sürekli ölçülmesi ve izlenmesi için geliştirilmiş bir deney düzeneği görülmektedir. Şekil 2.27'de serbest rötre kuruma rötresini belirleyebilmek için ASTM C157 standardındaki numunelerden farklı olarak üretilmiş numuneler örnek olarak gösterilmiştir.

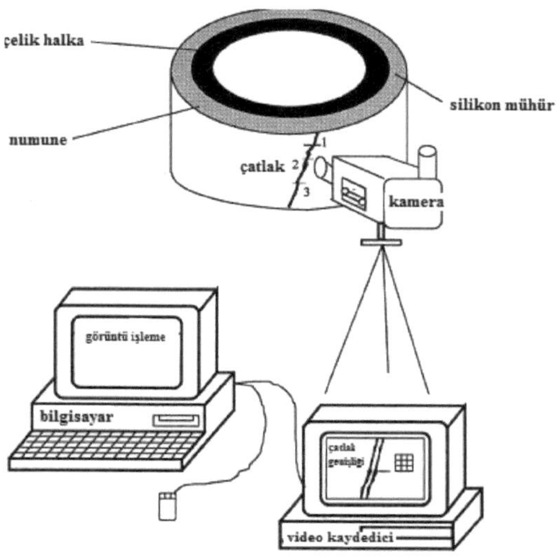

Şekil 2.26. Otomatik halka deneyi düzeneği (Mesbah and Buyle-Bodin, 1999).

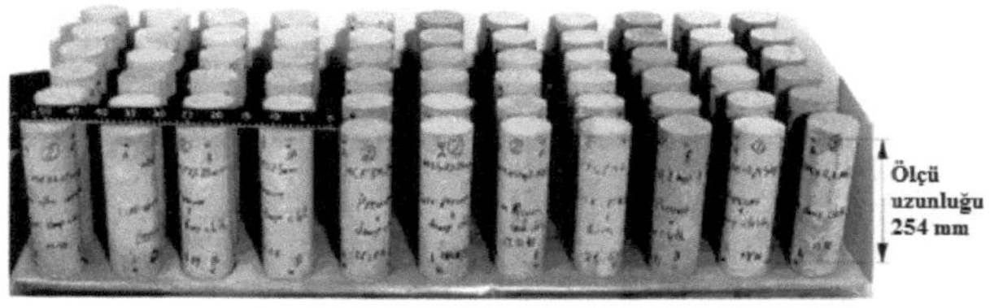

Şekil 2.27. Silindirik serbest kuruma rötresi numuneleri (Filho et al., 2005).

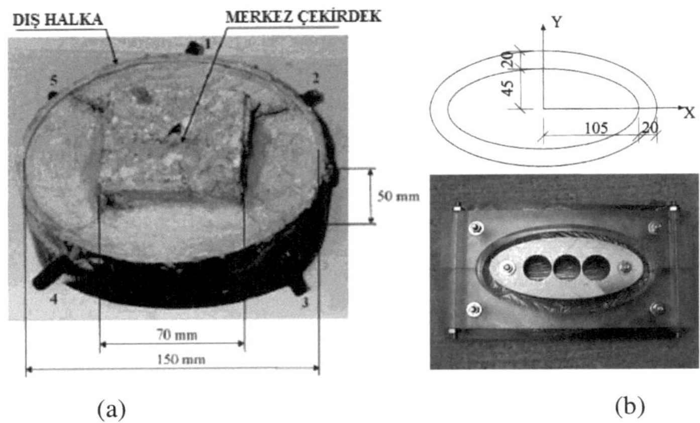

(a) (b)

Şekil 2.28. Halka kalıbı a) Beton çekirdek b) Eliptik (Filho et al., 2005; He et al., 2004).

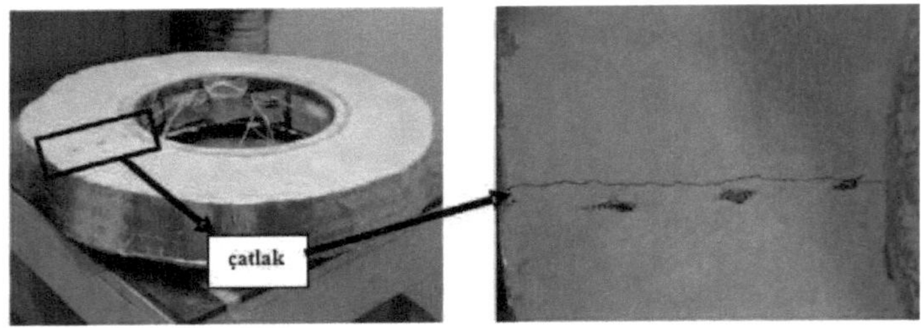

Şekil 2.29. Üst ve alt yüzeyden kurumaya bırakılan numune (Hossain and Weiss, 2006).

Bunların dışında kirişlerde kuruma rötresi çatlaklarına farklı faktörlerin etkilerini incelemek için de çeşitli düzenekler geliştirilmiştir (Collins and Sanjayan, 2000a). Ayrıca, halka kalıplarının değişik özelikleri incelemek amacıyla farklı tipleri de çeşitli araştırmalarda kullanılmıştır. Bu halka kalıplarına örnekler Şekil 2.28'de verilmiştir. Üst ve alt yüzeyden çatlak oluşumu ise Şekil 2.29'da gösterilmiştir.

Hem yuvarlak dış yüzeyden hem de üst ve alt yüzeylerden kurumaya maruz bırakılan numunelerde içteki çelik halka ya da tam merkeze yerleştirilen bir beton küp gibi rijit bir malzeme beton veya harç halkasının kuruma sırasındaki rötresini kısıtlar ve iç gerilmeler oluşmasını sağlar (Hossain and Weiss, 2006). Her iki tip halka numunesinde iç gerilmelerin oluşum mekanizması Şekil 2.30'da verilmiştir.

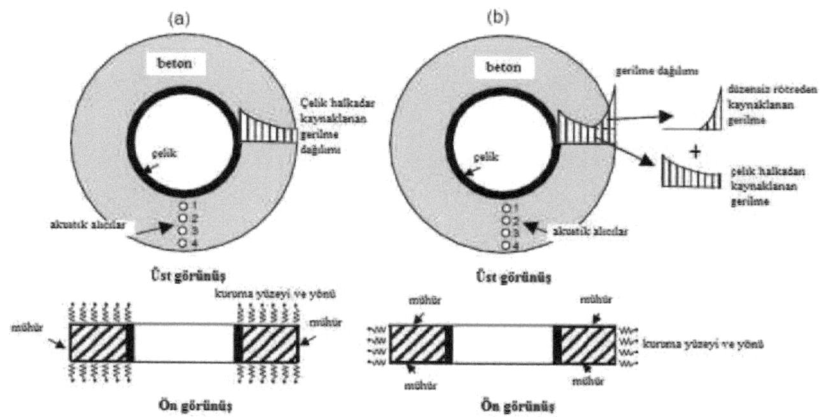

Şekil 2.30. Gerilme dağılımı a) dış yüzey b) üst ve alt yüzey (Hossain and Weiss, 2006).

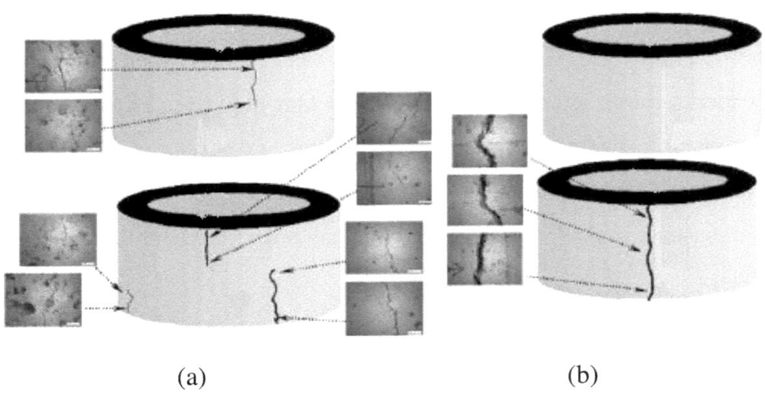

Şekil 2.31. Tekli ve çoklu çatlaklar a) çoklu b) tekli (Turatsinze et al.,, 2007).

Şekil 2.30'da görüldüğü gibi üst ve alt yüzeylerden kurumada homojen olmayan rötre nedeniyle düzensiz bir iç gerilme dağılımı da oluşmaktadır. Son olarak, yuvarlak yüzeyden kurumaya maruz bırakılan numunelerde yüzey boyunca yukarıdan aşağıya numunenin özeliklerine (kullanılan karışım malzemelerinin özelikleri, karışım oranları vb.) ve ortam koşullarına bağlı olarak tekli ya da çoklu çatlak biçimleri oluşabilmektedir. Bu durum, Şekil 2.31'de gösterilmiştir.

2.6. Negatif Rötre (Şişme)

Devamlı olarak su içerisinde bırakılan çimento hamurlarının ve betonların hacimlerinde ve ağırlıklarında küçük bir miktar artma meydana gelmektedir. Çimento hamurunun veya betonun gösterdiği hacim artışına "şişme" veya "negatif büzülme" denilmektedir. Hacim artışına, çimento jelleri tarafından emilen su neden olmaktadır. Su molekülleri jel parçacıklarının arasına girerek, bu parçacıkların kohezyonuna karşı bir kuvvet gibi hareket ederek şişmeye yol açan bir basınç oluşturmaktadır (Erdoğan, 2003).

Çimento hamurunun şişme nedeniyle göstereceği birim deformasyon oldukça düşüktür. Döküldükten sonra 24 saat devamlı olarak su içerisinde 100 ve 1000 gün tutulan çimento hamurunun göstereceği şişme, doğrusal genleşme olarak ifade edilecek olursa, sırasıyla, $1300x10^{-6}$ ve $2000 x10^{-6}$ kadardır (Erdoğan, 2003).

Betondaki şişme, çimento hamurunun şişmesinden daha da az olmaktadır. Kullanılan çimento miktarı 300 kg/m^3 olan ve altı ay veya bir yıl süreyle su içerisinde tutulmuş olan betonlarda şişme $100x10^{-6}$-$150x10^{-6}$ kadardır (Erdoğan, 2003).

2.7. Konu ile İlgili Literatürdeki Çalışmalar

Çimento esaslı malzemelerde çatlak oluşumunu incelemek için ilk çalışmalardan birinde portland çimentolu sıva panellerinde çatlak kontrolünün incelenmesi için yapılan bir çalışmada bu elemanlarda çatlakların en çok kuruma rötresinden kaynaklanmakta olduğu ve hem dayanım kazanması hem de homojen kuruma rötresi elde edilmesi için yavaş ve homojen kurumanın sağlanması gerektiği belirtilmiştir (Hall, 1947). Ayrıca, 1970'li yıllarda ise kuruma rötresinin çatlak oluşumuna etkileri ile ilgili az sayıda bildiri ve çalışma olmasına rağmen genel olarak bilinmekteydi (Swamy and Stavrides, 1979). Ayrıca, bu dönemde kısıtlama yaparak kuruma rötresinde çatlakları incelemek için halka deneyi kullanılmaya başlanmıştır ve çatlakları azaltmak için değişik tipte fiber kullanımı fikri ilk kez ortaya atılmıştır (Swamy and Stavrides, 1979).

Bundan sonraki çalışmalarda tabandan rötresi kısıtlanmış prizmatik donatılı harç elemanlarda oluşan rötre çatlaklarının mekanizması da incelenmiş ve serbest rötre, serbest şekil değiştirme, eleman boyutları ve sünme gibi faktörlerin bileşik etkisini gösteren bir model önerilmiştir (Al Rawi and Kheder, 1990). Bunun yanında

1990'lı yılların başlarında rötre azaltıcı katkıların betonun kısıtlanmış rötre çatlaklarına etkisi de incelenmiştir ve yayılmayı arttırıcı, makro boşlukları azaltıcı, kuruma rötresini ve çatlaklarını azaltıcı etkileri ortaya konmuştur (Shah et al., 1992). Yüksek dayanımlı hazır betonun kuruma rötresi de kür zamanı, kür koşulları, silis dumanı içeriği, numune boyutları ve su- bağlayıcı oranı faktörlerinin etkisi cinsinden araştırılmış ve uzun kür süresi ile düşük su çimento oranının yüksek performanslı hazır betonun kuruma rötresini azalttığı rapor edilmiştir (El Hindy et al., 1994). Ayrıca, bir model de yüksek performanslı hazır betonun kuruma rötresi için geliştirilmiştir. ACI 209 numaralı komitenin raporunun 1982 yılında basılmasından sonra rötre ve sünme çalışmaları ile bunların sonucunda farklı modeller yaygın hale gelmiştir ve yapılan birçok çalışmada değişik faktörleri içeren modeller geliştirilmiştir (Gardner and Zhao, 1993).

İlerleyen yıllarda, serbest ve kısıtlanmış kuruma rötresi değişil kuruma koşulları altında farklı su-çimento oranlarına sahip normal betonlarda ve düşük su-bağlayıcı oranı düşük silis dumanı içeren yüksek dayanımlı betonlarda gözlenmiştir. Bu çalışmanın sonucunda yüksek dayanımlı betonların içinde daha yüksek iç çekme gerilmeleri oluştuğu sonucuna varılmıştır (Bloom and Bentur, 1995).

Ayrıca, karıştırılmış çimento ile üretilen harçların üzerinde kuruma koşullarının rötre ile birlikte bazı mekanik ve fiziksel özeliklerine etkisi belirlenmiştir (Kanna et al.,, 1998). Alkali aktivite edilmiş gözenekli kaba agrega içeren cüruflu betonların rötresi incelendiğinde % 50 bağıl nemin ve 23 °C sıcaklığın en yüksek rötre değerlerini ve cüruf agregasının bazalta göre daha az kuruma rötresi gösterdiği sonucuna ulaşılmıştır (Collins and Sanjayan, 1999). Bununla beraber kuruma rötresi ve kısıtlandığında oluşan rötre çatlakları ile sünme, elastisite modülü özelikleri, özellikle erken yaşlar olmak üzere farklı yaşlardaki, değişik tipte lifler, uçucu kül mineral katkısı, değişik türde çimento veya agregalar içeren yüksek performanslı çimento kompozitleri, harçlar, normal dayanımlı ya da yüksek performanslı betonlar ile karıştırılmış çimento içeren betonlar, yüksek dayanımlı ve yüksek performanslı hafif agregalı betonlar (hafif beton) gibi bir çok çimento bağlayıcılı malzemeler üretilerek incelenmiştir (Altoubat and Lange, 2001; Huo et al., 2001; Li et al., 2002; Najm and Balaguru, 2002; Atiş et al., 2004; Lopez et al., 2004; Voigt et al., 2004; Zhang et al., 2005; Mackechnie, 2006; Rouse and Billington, 2007). Literatürde yukarıda da belirtildiği gibi değişik ortam koşullarını etkisi de incelenmiştir. Bu çalışmaların birinde doğal ortamlarda saklanan lifli ver silis dumanlı betonların rötresi de incelenmiştir (Barr et al., 2003). Buna göre ilk bir yıl için doğal ortam koşullarının kontrollü koşullardan çok farklı bir kuruma rötresi göstermediği belirtilmiştir. Buna karşın, bağıl nemin, sıcaklığın ve diğer faktörlerin etkisi daha önce ortaya konulmuştur. Bazı çalışmalarda da, yüksek performanslı ve yüksek dayanımlı hafif betonların sünme ve rötreleri hakkında bilgi verilmektedir. Hafif betonun sünme sinin normal ağırlıktaki betona göre daha az ve rötresinin daha fazla olduğu rapor edilmiştir (Lopez et al., 2004; Zhang et al., 2005).

Genleştirilmiş kil agregası kullanılan bir tür hafif betonun kuru ortam koşullarında ilk altı aylık rötresi ise normal ağırlıklı betonunkinden daha az ancak 1 yıllık rötreleri daha fazla çıkmıştır (Zhang et al., 2005). Ancak, daha önce de bahsedildiği gibi karışım oranları ve karışım bileşenlerinin, çevre koşullarının ve numune özeliklerinin (tasarım-yapım) değişimlerine göre kuruma rötresi ve rötre çatlakları çok farklı şekilde etkilenebilmektedir.

Benzer olarak, kendiliğinden yerleşen beton, beton duvarlar, normal dayanımlı beton, erken yaşlardaki beton, alkali aktivite edilmiş betonu ve tamir harçları gibi ürünlerin de değişik çevre koşulları altında kısa dönem test sonuçlarından ya da çeşitli sünme ve kısıtlanmış rötre deneyi sonuçlarından elde edilen verilerle farklı değişkenlere bağlı sayısal ve istatistiksel modeller geliştirilmiştir (Carlson and

Reading, 1988; McDonald and Roper; 1993; Ojdrovic and Zarghamee, 1996; Shah et al., 1998; Torrenti et al., 1999; Collins and Sanjayan, 2000b; Gardner and Lockman, 2001; Yuan and Wan, 2002; Abbasnia et al., 2005; Fernandez-Gomez and Landsberger, 2007). Hatta, sonlu eleman modellemesi de sünme ve rötre incelemelerinde kullanılmıştır (Gardner and Zhao, 1993). Genellikle bu modelleme çalışmalarında elde edilen yeni modeller ile bazı kuruluşlarca değişik girdiler kullanılarak geliştirilmiş ACI, CEB ve AS gibi modeller birbirleriyle karşılaştırılmıştır. Bunun yanında, bu kuruluşlarca geliştirilen genel olarak kabul görmüş rötre modellerinin hassasiyetleri de birbirleriyle karşılaştırılarak değerlendirilmiştir (McDonald and Roper; 1993).

Literatürde GYFC, TK ve KK agregalarının kuruma rötreleri ve çatlakları ile ilgili bir çalışmaya rastlanamamıştır. Bununla beraber, bulanık mantık veya yapay sinir ağları gibi modern yöntemlerle kuruma rötresi ve çatlak genişliklerinin veya özeliklerinin tahmin edilmeye çalışıldığı bir uygulama ile de karşılaşılamamıştır.

Bölüm 3

Yöntem, Deney Sonuçları ve Değerlendirilme

3.1. Yöntem

Deneysel çalışmada standart harç numuneleri üretilmiştir. Yayılma tablası deneyi, yan ürünlerin ince agrega olarak harçların işlenebilirliğine etkisini incelemek için gerçekleştirilmiştir. Bunun yanında birim ağırlık, ultrases geçiş hızı deneyleri yan ürünlerin oluşturduğu boşluk yapısı ve gözenekliliği gözlemek için yapılmıştır. Eğilmede çekme ve basınç dayanımları ile elastisite modülleri ise çatlak hassasiyetini gözlemlemek için belirlenmiştir. Ek olarak, serbest kuruma rötresinden kaynaklanan boy değişimleri ölçülerek serbest rötre şekil değiştirmesi ölçülmüştür. Kuruma rötresinin kısıtlanmasıyla çatlak oluşumu halka deneyi yapılarak sağlanmıştır ve çatlak genişlikleri optik çatlak mikroskobu kullanılarak ölçülmüştür. Endüstriyel yan ürünler ince agreganın yerine % 0, 10, 20, 30, 40, 50, 60, 70, 80, 90 ve 100 oranlarında ağırlıkça yer değiştirilmiştir. Yan ürünler elde ediliş şekillerine göre öğütülerek ve elenerek ya da bu işlemlere tabi tutulmadan ince agrega yerine kullanılmışlardır. Nem oranları % 3 ile 4 arasında değişmektedir.

Çizelge 3.1. Yapılan deneyler, üretilen numune tipleri ve boyutları

Deney	**Gerekli numune say.**	**Numune boyutları (mm)**	**Numune hacmi (m^3)**
Birim ağırlık	3	40x40x160	0.0009
Ultrases geçiş hızı	3	40x40x160	0.0009

Basınç dayanımı	6	40x40x40	0.000384
Eğilmede çekme day.	3	40x40x160	0.0009
Elastisite modülü	3	150x150x150	0.0102
Serbest kuruma rötresi	3	25x25x285	0.0006
Halka deneyi	3	250x320x140	0.0132

Bu çalışmada gerçekleştirilen deneyleri, bu deneyler için gerekli harç numunesi sayısı ve bu numunelerin boyutları Çizelge 3.1'de verilmiştir. 1 m^3 harç karışımı için hesaplanan referans ve yer değiştirme uygulanmış karışım serilerinin miktarları Çizelge 3.2'de gösterilmiştir. Numune tipine göre her bir deney için numune miktarları, üretilmesi gereken numune boyutları ve adetleri farklı olduğu için Çizelge 3.1 ve Çizelge 3.2'deki değerler kullanılarak hesaplanmıştır.

Çizelge 3.2. 1 m^3 harç numunesi için gerekli malzeme miktarları (kg/m^3)

Yan ürün içeriği (%)	**İnce agrega**	**Çimento**	**Su**	**Yan ürün**	**Süper akışkanlaştırıcı**
0 (Referans)	1600	500	250	0.00	3
10	1440	500	250	160	3
20	1280	500	250	320	3
30	1120	500	250	480	3
40	960	500	250	640	3
50	800	500	250	800	3
60	640	500	250	960	3

70	480	500	250	1120	3
80	320	500	250	1280	3
90	160	500	250	1440	3
100	0.00	500	250	1600	3

Yayılma tablası deneyi harç numunelerinin yayılmasını belirleyerek işlenebilirliği hakkında bilgi edinmek için ASTM C1437-07 standardına göre gerçekleştirilmiştir (ASTM, 2007). Eğilmede çekme ve basınç dayanımları ise sırasıyla ASTM C 349-02 ve ASTM C348-02 standartlarında verilen yöntemlere göre gerçekleştirilmiştir (ASTM, 2002a; ASTM, 2002b).

Elastisite modülü deneyi ise ASTM C 469-02e1 standardında yer alan yöntem ve 150x150x150 mm boyutlarındaki küp harç numuneleri üzerinde uygun bir kompressometre yerleştirilerek yapılmıştır (ASTM, 2002c).

Harç numunelerinin seçilmesinin nedeni, serbest ve kısıtlanmış rötre deneylerinin genellikle harç numuneleri üzerinde gerçekleştirilmesidir. Bu nedenle, eğilmede çekme dayanımı, birim ağırlık, ultrases geçiş hızı, basınç dayanımı ve elastisite modülünün de aynı karışım oranlarına sahip standart harç numuneleri üzerinde yapılması düşünülmüştür. Böylece, kuruma rötresinin kısıtlanması sonucu oluşan çatlakların genişliklerinin yukarıda belirtilen özelikler cinsinden tartışılmasında karışım malzemelerinin, karışım oranlarının, çimento pastasının hacminin, su-çimento oranının, kaba agrega miktarının ve yan ürün yer değiştirmesi haricindeki benzer nedenlerin etkisi aynı karışım oranları ve malzemeler kullanılarak en düşük seviyeye indirilebilir.

Bu şekilde, birim ağırlık, ultrases ses geçiş hızı ve eğilmede çekme dayanımları üçer adet 40x40x160 mm prizmatik harç numuneleri kullanılarak belirlenmiştir.

Basınç dayanımları ise ASTM C 349-02'de belirtildiği gibi eğilmede çekme dayanımlarının belirlenmesinde kullanılan prizmatik numunelerden elde edilmiştir (ASTM, 2002b). Harç presinde 40x40 mm boyutlara sahip iki adet çelik plaka kullanılarak her parçanın 40x40x40 mm boyutlarında küp harç numunesi gibi kırılması sağlanmıştır.

Benzer şekilde, öncelikle elastisite modülünün de şekil ve boyut etkisini önlemek için bir kenarı 40 veya 70 mm olan küp numuneler üzerinde yapılması düşünülmüştür. Ancak, bu boyutlardaki küp numunelerin boyutlarına uygun kompressometreler bulunmadığı için betona benzer olarak ASTM C 469-02e1 standardındaki yöntem ancak bu standartta belirtilen silindir numune yerine ise üçer adet 150x150x150 mm boyutlarındaki standart küp numunelerin kullanılmasına karar verilmiştir (ASTM, 2002c). Φ150x300 mm boyutlarındaki standart silindir ve 150x150x150 mm boyutlarındaki standart küp numunelerin basınç deneyi sırasında şekil değiştirmelerinin ölçülebildiği standart kompressometreler kullanılmaktadır.

Ayrıca, bu kompressometreler standart silindir veya küp numunelerin dışındaki boyutlara sahip numunelerde kullanılamamaktadır. Küp numune kullanmanın olası etkisi σ–ε eğrilerinin tepe noktasının öncesinde ve sonrasındaki davranışlarının numune boyutlarına ve şekline bağlı olarak değişmesidir. Küplerdeki yumuşama kısmının eğimi, silindirdeki dik yumuşamaya kıyasla daha az ve yuvarlaktır (del Viso et al., 2008).

Birim ağırlık, ultrases geçiş hızı ve eğilmede çekme dayanımı deneyleri için aynı prizmatik standart harç numuneleri kullanılmak üzere 24 saat boyunca 20 °C sıcaklık ve % 90 bağıl nem ortamında saklandıktan sonra kalıplar sökülmüştür. Bu numunelere 28 gün boyunca 23±2 °C sıcaklık ve % 100 bağıl neme sahip kür havuzlarında standart su kürü uygulanmıştır. 28 gün sonunda birim ağırlık, ultrases geçiş hızı ve eğilmede çekme dayanımı özelikleri belirlendikten sonra elde edilen parçalar kullanılarak basınç dayanımları deneyi yapılmıştır. Elastisite modülünün belirlenmesinde kullanılan küp harç numunelerine de su kürü uygulandıktan sonra 28 gün sonunda standart basınç deneyi yapılmıştır. Kuvvet ve kısalma değerleri okunduktan sonra gerilme ve şekil değiştirme değerleri numune boyutları yardımıyla hesaplanarak σ–ε eğrileri çizilmiştir. Elde edilen bu eğrilerden başlangıç teğet yöntemi kullanılmıştır.

Serbest kuruma rötresindeki şekil değiştirmeyi belirlemek için boy değişimlerinin ölçülmesinde kullanılan numuneler üçer adet olmak üzere 25x25x285 mm boyutlarında üretilmiştir. Daha sonra bu numuneler 24 saat boyunca 20 °C sıcaklık ortamında oda koşullarında saklandıktan sonra kalıplar sökülmüştür. Bundan sonra ise uzunluk değişimleri ASTM C157/157 M-99 standardına göre, numuneler 23±2 °C sıcaklık ve % 50±5 bağıl nem ortamında saklanırken komparatör kullanılarak 60 gün süresince ölçülmüştür. Bu ortam koşullarına, ASTM C 157 standardında havada saklama yöntemi adı verilmektedir (ASTM, 1999).

Kısıtlanmış kuruma rötresi çatlaklarının genişliklerini belirlemek için halka tipi harç numuneleri üretilmiştir. Bu numunelerde 24 saat sonunda kalıplar söküldükten sonra serbest kuruma rötresi numunelerine benzer olarak numuneler 23±2 °C sıcaklık ve % 50±4 bağıl nem ortamında tutulmuş ve çatlak oluşumu 60 gün boyunca gözlenmiştir. Bu ortam koşullarının uygulanmasının nedeni genel olarak en şiddetli kuruma rötresinin bu ortam koşullarında elde edilmesidir. Bu durum, Bölüm 2'de gösterilmiştir (Şekil 2.18). Ayrıca ASTM C 157 kuruma rötresi için bu koşulları önermekte ve yapılan çalışmalarda bu koşullar uygulanmaktadır. Hem serbest kuruma rötresi hem de halka tipi numuneleri bu koşullara maruz bırakabilmek için bu kuruma koşulları yalıtılmış bir rutubet odasında bir adet klima ve bir adet buhar üreteci kullanılarak sağlanmaya çalışılmıştır. Rutubet odasındaki koşullar günde 4 kere gündüz saatlerinde üçer saatlik aralıklarla ortandaki nem ve sıcaklık değerlerini ölçebilen bir nem-sıcaklık ölçer cihazı kullanılarak 60 gün süresince kuruma rötre deneyleri devam ederken kontrol edilmiştir.

Halka numuneleri dairesel dış yüzeyinden kurumaya maruz bırakılmıştır. Bir başka deyişle, üst ve alt yüzeylerden kurumaya maruz bırakılmamaktadır. Bu nedenle, alt yüzey taban plakası üstünde kalırken üst yüzey silikon bazlı bir malzeme sürülerek mühürlenmiş ve bu yüzeylerin ortam koşullarından yalıtılmasıyla kurumanın bu yüzeylerden olması engellenmiştir. Böylelikle, yalnızca yuvarlak dış yüzey kurumaya maruz bırakılarak hem çelik halkanın kısıtlamasından hem de düzensiz rötreden kaynaklanan iç gerilmelere bağlı olarak çatlak oluşumu sağlanmaya çalışılmıştır. Daha önce de belirtildiği çatlak oluşumu 60 gün boyunca gözlenerek ilk oluşma zamanları kaydedilmiştir. Çatlaklar oluştuktan sonra genişlikler bir optik çatlak mikroskobu ile ölçülerek çatlak gelişiminin değişimi gözlenmiştir.

Oluşum şekillerinin tekil ya da çoklu olup olmadığı da incelenmiştir. Birim ağırlık ve ultrasonik ses geçiş hızı deneyleri ile boşluk oranına bağlı olarak dayanımlarının değişimi değerlendirilmiştir. Basınç ve eğilmede çekme dayanımı ile elastisite modülü sonuçları ise serbest kuruma rötresi deney sonuçları çatlak genişlikleri ile birlikte değerlendirilerek çatlak oluşumu tartışılmıştır. Ayrıca, tüm deney sonuçları yan ürün yer değiştirme oranlarına göre değerlendirilerek yan ürün miktarının değişiminin çatlak genişliklerine etkisi incelenmiştir ve bu tür yan ürün agregalarının etkisi birlikte kullanılan yan ürünlerin etkilerine bağlı olarak değerlendirilmiştir.

3.2. Harç Üretiminde Kullanılan Diğer Malzemeler

3.2.1. Çimento

Harç üretiminde, TS EN 197-1 standardına uygun CEM II/B-M 32.5 çimentosu hidrolik bağlayıcı olarak kullanılmıştır (TSE, 2002a). Bu çimento içeriğinde daha az çimento içermektedir ve kuruma rötresini azaltmaktadır. Aynı zamanda kuruma rötre çatlaklarının gelişimini daha düşük bir hızda gerçekleştirmesi olasılığı nedeniyle çatlak oluşumunun gözlenmesinde kolaylık sağlaması beklenmektedir. Çimentonun fiziksel özelikleri, kimyasal bileşimi ve mekanik özelikleri Çizelge Ek 1.1'de verilmiştir. Çimentonun özgül ağırlık, özgül yüzey alanı gibi fiziksel, eğilme ve basınç dayanımı gibi mekanik özelikleri için deneyler, TS EN 196-1'e göre yapılmıştır (TSE, 2002b).

3.2.2. Su

Harç karma suyu olarak bulunan Eskişehir bölge şebeke suyu kullanılmıştır. Beton üretiminde kullanılan şebeke suyunun kimyasal analizi ve pH değeri Çizelge Ek 1.2'de gösterilmiştir. Eskişehir şebeke suyunun yapılan kimyasal analizi sonuçlarına göre suyun karışım suyu kullanılabilmeye uygun içilebilir su olduğu görülmüştür.

3.2.3. Süperakışkanlaştırıcı

Farklı agrega içeriğindeki harçlarda yan ürün artışından kaynaklanan su gereksiniminin artma olasılığına karşın işlenebilmeyi sağlamak için piyasadan temin edilen, kimyasal yapısı modifiye polikarboksilat esaslı polimer olan ve özelikleri Çizelge Ek 1.3'te verilen yüksek oranda su azaltıcı süperakışkanlaştırıcı kimyasal katkı maddesi kullanılmıştır. Bu tür yeni nesil katkılara hiper akışkanlaştırıcı da denmektedir.

3.2.4. Standart CEN kumu

TS EN 196-1 standardına uygun CEN Referans Doğal Kumu (CEN standart ince agrega olarak kullanılmıştır (TSE, 2002b). CEN referans kumu düzgün yuvarlak şekilli tanelere sahip bir tür doğal silis kumudur. SiO_2 içeriği en az % 98 düzeyindedir. Kum numunesinin su emme oranı 105-110 °C sıcaklık altında 2 saat boyunca kurutulduktan sonra % 0.2'den az olmalıdır. Tane dağılımı TS EN 196-1 standardındaki elek analizi sonuçlarıyla uyumlu olmalıdır. CEN standart kumu 1350 ±5 g ağırlığında paketler halinde piyasaya sunulur ve her bir paket TS EN 196-1 standardındaki yukarıda belirtilen koşulları sağlamalıdır (TSE, 2002b). CEN standart kumunun olması gereken tane dağılımı da Çizelge Ek 1.4'te verilmiştir.

3.3. GYFC'nun İnce Agregasının Harçların Kuruma Rötresi Çatlaklarına Etkisi

İlk yapılan çalışmada öğütülmemiş GYFC ince agrega olarak CEN standart kumu ile yer değiştirilmiştir. Çizelge Ek 1.5'te Zonguldak İli Ereğli Demir-Çelik Fabrikaları'ndan temin edilen GYFC ince agregası ile CEN standart kumunun bazı özelikleri karşılaştırılmıştır. Çizelge 1.6'da ise elek analizi sonuçları CEN kumunun olması gereken tane dağılımı ile karşılaştırılmıştır.

GYFC suya doyurulmadan mevcut nem durumunda kullanılmıştır. Türkiye gibi gelişmekte olan ülkelerde bazen duvar sıvası, düşük dayanımlı beton, harç gibi malzemelerin elle üretiminde veya bazı beton santrallerinde agreganın veya agrega yığınlardan numune alınarak bu numunelerin su emme oranları düzenli olarak kontrol edilemeyebilmektedir. Her seferinde üretimde zamandan tasarruf etmek için ölçülmeden değişik nem durumlarında kullanılabilmektedir. Bu nedenle GYFC' de benzer şekilde su nem durumu bilinmeyen mevcut nem durumuna sahip halde kullanılmıştır ki bu gibi durumlar söz konusu olduğunda kullanıcının uygulamalarında karşılaşabilecekleri rötre çatlakları rastgele bir durum canlandırılarak değerlendirilebilsin. Ayrıca, GYFC laboratuvar koşullarında saklandığı için tamamen kuru durumda değildir. Buna benzer şekilde Yüksel et al.'un bazı çalışmaları söz konusudur (Yüksel and Bilir, 2007; Yüksel et al., 2007). Böylece, GYFC'nun hiçbir işlem uygulanmadan ERDEMİR'de depolandığı açık hava koşullarındaki alandan alınıp beton veya harçlarda kullanılmasındaki ortaya çıkabilecek harç özelikleri rastgele bir şekilde elde edilmeye çalışılmıştır. Dolayısıyla, bu tez çalışması daha önce yapılmış olan çalışmalara benzer olarak GYFC'nun öğütülmeden ve herhangi bir işleme tabi tutulmadan beton veya harçlarda kullanılmasını amaçlamaktadır. Ancak, ölçülen mevcut nem durumu % 3 ile 4 arasında değişmektedir.

Ancak daha önceki çalışmalarda GYFC'nun ince agrega olarak beton veya beton elemanlarda kullanılarak dayanıklılık, dayanım ve geçirimlilik gibi özelikleri incelenmiştir (Yüksel et al., 2006; Yüksel and Bilir, 2007; Yüksel et al., 2007). Bu çalışmada ise GYFC'nun bu şekilde öğütülmeden kullanılarak harçların kuruma rötresi çatlakları ile ilgili bilgi ve veri sağlanması amaçlanmıştır. Bir başka açıdan, ise Türkiye gibi gelişmekte olan ülkelerdeki uygulayıcılara kolaylık sağlayan kuruma rötre çatlakları ile ilgili bilgiler elde edilmesi ve uygulayıcılara sunulması amaçlanmıştır.

Ayrıca, GYFC'nun bu şekilde kullanımı ile kullanıcıya kolay hesap gerektirmeyen yöntemler önerilerek sürdürülebilir kalkınma açısından bu kullanıcıları GYFC ince agregası kullanımı konusunda özendirmek temel amaçlardan bir tanesidir. Bunun yanında, literatürde GYFC'nun bu şekilde ince agrega olarak harç veya betonda kuruma rötresi çatlaklarına olan etkisini inceleyen bir çalışma görülememiştir. Dolayısıyla öncelikle standart harç karışımları ile ilgili bir çalışmada ilk bilgilerin sağlanması düşünülmüş ve harç karışımları üzerinde deneyler yapılmıştır. Bu çalışmadan, sonra değişik karışım oranları, farklı agrega çimento ve katkı gibi malzeme türlerinin ve bunların kullanım kombinasyonlarının, farklı su-çimento oranlarının, ortam koşullarının vb. etkilerin kuruma rötre çatlaklarına etkisi farklı türde harç ve betonlar üretilerek incelenebilecektir. Ayrıca, literatür ve yöntemle ilgili bölümlerde anlatıldığı gibi genellikle harçlardan halka numuneleri üretilerek çatlaklar incelenmektedir. Bunun yanında, betonla ilgili çalışmalar da söz konusudur.

Yüksek oranda su azaltan yeni nesil polikarboksilat bazlı süper akışkanlaştırıcı da GYFC'nun yüksek su emme oranından kaynaklanabilecek kıvam kayıplarını azaltmak için üretici tarafından önerilen miktarda kullanılmıştır. GYFC çimento pastası miktarı 500 gr ve su-çimento oranı 0.5 olarak sabit tutulmuştur. Daha önce de belirtildiği gibi GYFC ince agregası içeren betonda veya beton elemanlarda donma-çözülme, yüksek sıcaklık, aşınma, klorür geçirimliliği gibi dayanıklılık özeliklerinin, mekanik ve fiziksel özeliklerin incelendiği çalışmalar mevcuttur ama rötre çatlakları henüz incelenmemiştir (Yüksel et al., 2007).

GYFC'nun tane dağılımının CEN kumuna göre daha kaba olduğu ve % 80'den fazlasının 2 mm eleğin üstünde kaldığı açıktır. CEN kumunun tane büyüklüğü 2 mm'nin altında kalmaktadır. Bir başka deyişle, GYFC ince agregası CEN kumuna göre daha kabadır. Bu durum, GYFC ince agregası ile üretilen betonların veya harçların daha boşluklu bir yapıya sahip olmasına neden olmaktadır. Daha boşluklu yapıya sahip dayanımı daha düşük betonlar ise rötre çatlaklarına karşı hassasiyeti yani çatlak oluşma olasılığını azaltmaktadır. Bu daha önce yapılan çalışmalarda da ortaya konulmuştur. Ayrıca, GYFC'nun su emme oranının CEN kumuna göre daha fazla olduğu da görülmektedir. Bunun yanında, kuruma sırasında su emme oranının kuruma rötresini arttırma da önemli etkileri olduğu bilinmektedir (Kanna et al., 1998).

3.3.1. Yayılma tablası deneyi

Çizelge Ek 1.7'de bütün serilerin ölçülen yayılma çapları verilmiştir. GYFC'nun yüksek su emme oranı yayılma yarıçaplarını ve işlenebilirliği giderek azaltmıştır. Buna karşın, bu tür yeni nesil bir süper akışkanlaştırıcı katkının kullanılması GYFC'nun işlenebilirliği daha fazla azaltmasına engel olmuştur. Böylece, özelikle halka numunelerinde şişleme yöntemiyle sıkıştırma işleminin gerçekleştirilmesinde kolaylık sağlamıştır. Eğer, bu tür bir katkı kullanılmamış olsaydı GYFC'lu harçların yerleştirilmesi daha zor olacaktı. Bu nedenle de, GYFC'nun sadece boşluk oranına olan etkisini en aza indirmeye çalışılarak çatlak oluşumun gözlenmesi amaçlanmıştır. Bir başka deyişle GYFC'lu numuneler referans harç numunesiyle karşılaştırılabilmek amacıyla yerleştirilebilmesinin sağlanmasına çalışılmıştır.

3.3.2. Birim ağırlık

Şekil 4.1'de 7 ve 28 günlük ortalama birim ağırlık sonuçları verilmiştir. Referans seriye göre GYFC içeren serilerde genel olarak birim ağırlıkta azalış gözlenmiştir. Bu birim ağırlıkta azalmansın nedeni GYFC ince agregasının birim ağırlığının standart doğal kumunkinden daha az olmasıdır. Bir başka neden ise, GYFC yer değiştirme oranı arttıkça GYFC'nun gözenekli kaba yapısından oluşan boşluk oranının giderek artmasıdır. Bu durum daha önce yapılan çalışmalarda da belirtilmektedir (Yüksel et al., 2006). Böylece, birim ağırlık GYFC yer değiştirme oranı arttıkça azalmıştır.

Beklendiği gibi 28 günlük birim ağırlıklar 7 günlük birim ağırlıklardan daha fazla olmuştur. Son olarak, 28 günlük birim ağırlıklar 1.91 ile 2.28 kg/dm^3 arasında değişirken, 7 günlükler 1.90 ile 2.23 kg/dm^3 arasında elde edilmiştir.

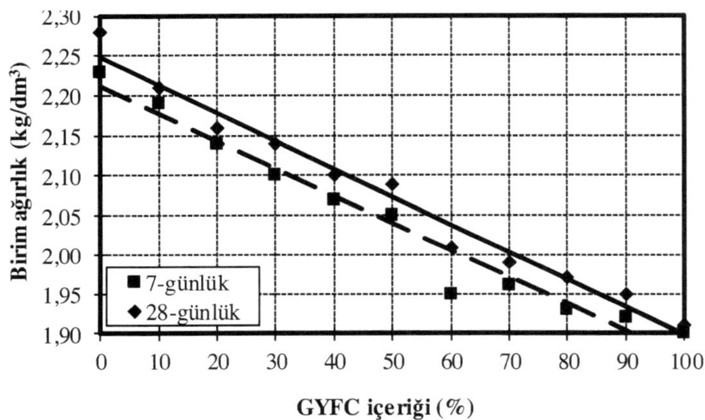

Şekil 3.1. GYFC içeriğine göre birim ağırlık değerleri.

3.3.3. Ultrasonik ses geçiş hızı

Şekil 3.2'de 7 ve 28 günlük ultrasonik ses geçiş hızı ortalama değerleri verilmiştir. Ultrasonik ses geçiş hızı değerleri de birim ağırlıklara benzer şekilde GYFC yer değiştirme oranı arttıkça azalmıştır. Bu durum da, GYFC ince agregasının yer değiştirme oranı arttıkça harç numunelerinin boşluk oranının arttığını göstermektedir. Şekil 4.2'ye göre, % 20 GYFC oranına kadar ultrasonik ses geçiş hızında bir düşme gözlendikten sonra, % 30 ve 40 oranları için göreceli bir artış meydana gelmiştir. Bununla beraber, % 50 orandan daha fazla GYFC ince agregası içeren harç numunelerinin 7 ve 28 günlük ultrasonik ses geçiş hızlarında düzenli bir azalış vardır.

Öte yandan, % 70 yer değiştirme oranından fazla GYFC ince agregası içeren harç numunelerinin 28 günlük değerlerinin birbirine yakın olduğu ve referans numuneler göre çok düşük olduğu görülmüştür. Son olarak, % 40 GYFC oranına kadar meydana gelen azalma miktarlarının uygun seviyelerde kaldığı söylenebilir. Ek olarak, 7 günlük ultrasonik ses değerleri 3.34 ile 4.10 km/s arasında ve 28 günlük ultrasonik ses değerleri 3.65 ile 4.21 km/s arasında değişmektedir. Özellikle % 50 yer değiştirme oranından sonra gözlenen ani azalışın GYFC miktarındaki artış ve bu artışla harçlarda oluşan düzensiz boşluk yapısından kaynaklandığı düşünülmektedir.

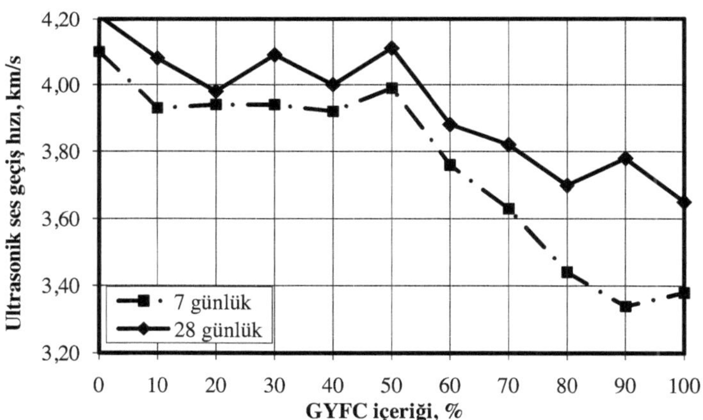

Şekil 3.2. GYFC içeriğine göre ultrasonik ses geçiş hızı değerleri.

3.3.4. Eğilmede çekme dayanımı

Şekil 3.3'te ise 7 ve 28 günlük eğilmede çekme dayanımı ortalama değerleri sunulmuştur. Yine boşluk oranının GYFC miktarının artışı ile artması nedeniyle eğilmede çekme dayanımı da giderek azalma eğilimindedir. Buna göre, % 10 ve 20 GYFC oranları için bir miktar azalma görülmektedir ve daha sonra % 30 oranında ise artış meydana gelmektedir. Bu orandan sonra, yeniden bir azalış söz konusudur. Çizelge Ek 1.8'de ise 28 günlük numunelerin eğilmede çekme dayanımları verilmiştir.

Eğilmede çekme dayanımında % 10, 20, 30 ve 40 oranlarında GYFC ince agregası içeren 7 günlük harç numuneleri için referans numuneye göre sırasıyla % 13.85, 0.2, 4.94 ve 8.35 oranlarında düşüşler meydana gelmiştir. Aynı şekilde 28 günlük numuneler de ise bu değerler % 5.73, 14.05, 3.88 ve 0.2 olmuştur. Bu oranlardan daha büyük oranlar için bu düşüşler 7 günlük numunelerde % 25 ile 40 arasında ve 28 günlük numunelerde % 18 ile 38 arasında değişmektedir. Ayrıca, 28 günlük eğilmede çekme dayanımlarının değerleri de % 60 ile % 100 oranları arasında GYFC ince agregası içeren harçlarda birbirine çok yakın çıkmıştır. Ayrıca, % 0 ile 50 arasındaki oranlar için de eğilmede çekme dayanımlarının birbirine yakın olduğu söylenebilir. Sonuç olarak, % 40 oranına kadar bu düşüş değerleri referans numuneye kıyasla uygun ve referans numunenin değerine yakın olduğu söylenebilir.

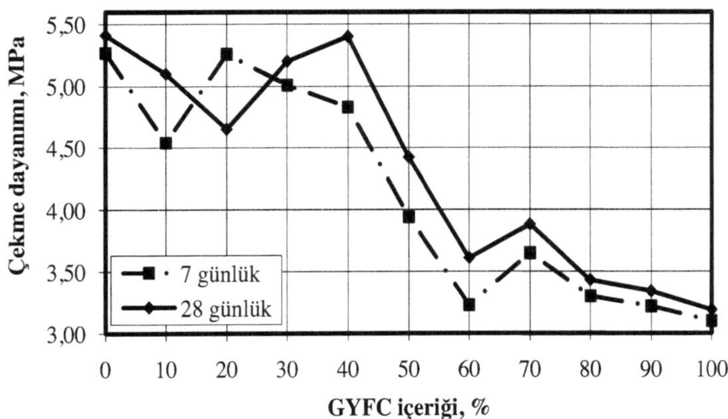

Şekil 3.3. GYFC içeriğine göre eğilmede çekme dayanımı değerleri.

3.3.5. Basınç dayanımı

Şekil 3.4'te basınç dayanımı ortalama değerleri verilmiştir. Benzer olarak boşluk oranı artışı nedeniyle GYFC oranı arttıkça basınç dayanımı da azalmıştır. Hem 7 günlük hem de 28 günlük basınç dayanımında da eğilmede çekme dayanımına benzer bir azalma davranışı gözlenmektedir. Bunun yanında, 28 günlük basınç dayanımında referans serilere göre % 10, 20 ve 30 GYFC içeriği için sırasıyla basınç dayanımlarında % 6.80, 20.11 ve 3.43 oranlarında düşüş oluşmaktadır. Ek olarak, % 40 oranı için % 3.90 artış elde edilmiştir. Bu azalmalar, 28 günlük basınç dayanımlarında % 10 ile % 47 arasında değişmektedir. Ayrıca, 28 günlük basınç dayanımları ise 21.45 ile 41.84 MPa arasında olmaktadır. Harçlarda 32.5 MPa dayanım değerinin üstüne % 40 oranına kadar GYFC ince agregası içeren numunelerde ulaşıldığı söylenebilir.

Basınç dayanımı değerlerinin elde edilmesinde eğilmede çekme dayanımı deneyinin yapılması sonrasında elde edilen 6 adet parça kullanılmıştır. Bu 6 adet parça iki adet plaka yardımıyla bir kenarı 40 mm olan küp numuneler oluşturularak kırılmıştır. Elde edilen basınç dayanımı değerlinin ortalaması alınmıştır. Bu ortalama değerler yanında her bir seri için 6 adet basınç dayanımı değerleri Çizelge Ek 1.9'da verilmiştir. Özellikle % 50 yer değiştirme oranından sonra gözlenen dalgalanmanın GYFC miktarındaki artış ve bu artışla harçlarda oluşan düzensiz boşluk yapısından kaynaklandığı düşünülmektedir.

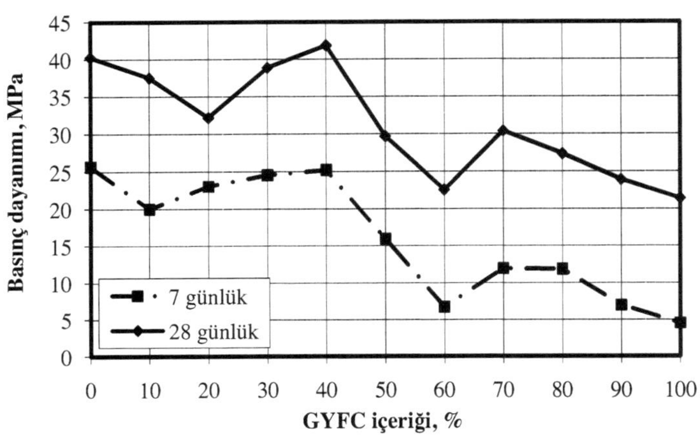

Şekil 3.4. GYFC içeriğine göre basınç dayanımı değerleri.

3.3.6. Elastisite modülü

Deneysel statik elastisite modülleri Şekil 3.5'te verilmiştir. Elastisite modülü de diğer özeliklere benzer şekilde genel olarak GYFC oranı arttıkça azalmıştır. Bununla beraber % 0 ile % 60 GYFC yer değiştirme oranına sahip harç numunelerinde azalma görülürken, % 70 yer değiştirme oranından sonra % 60 GYFC içeren numunelere göre bir miktar artış meydana gelmektedir. Referans harç numuneleri ve % 10 GYFC ince agregası içeren numunelere göre daha düşük olmasına rağmen, % 20 ile 40 oranları arasında GYFC içeren harç numunelerinin elastisite modülü değerlerinin birbirine çok yakın olduğu gözlenmiştir. Ayrıca, en yüksek elastisite modülü değerleri % 10 oranında GYFC içeren harç numunelerinden elde edilmiştir. Bu değerden sonra % 50 GYFC içeren serinin elastisite modülünün değeri gelmektedir. En düşük elastisite modülü değeri ise % 70 oranında GYFC içeren seride görülmüştür. Bu yer değiştirme oranından sonra % 80'den % 100 oranlarına kadar az bir miktarda artış meydana gelmektedir. Daha önceki yer değiştirme oranlarındaki numuneler gibi % 60 ile % 100 GYFC içeren serilerin % 90 oranı hariç elastisite modüllerinin de birbirine yakın olduğu söylenebilir.

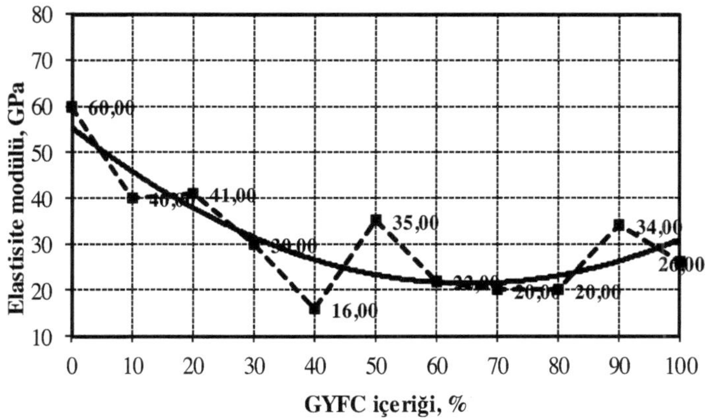

Şekil 3.5. Deneysel statik elastisite modülü.

28 günlük elastisite modüllerini belirlemek için kullanılan gerilme-şekil değiştirme diyagramları Şekil 3.6'da gösterilmiştir. Elastisite modülü değerleri genel olarak değerlendirildiğinde referans numunelere göre % 10 GYFC oranı için % 33'lük bir artış oluşmuştur. Bundan sonra, % 20, 30 ve 50 oranları arasında GYFC içeren numuneler için % 11 ile 73 arasında düşüş ve % 60 ile 100 arasındaki oranlar için ise bu düşüş değerleri % 43 ile 67 arasında gerçekleşmiştir. Bu durum boşluklu yapı ve GYFC agregasının elastisite modülünün daha düşük olması nedenlerinden kaynaklanmaktadır. Elastisite modülünün davranışı da ultrasonik ses geçiş hızı, birim ağırlık, eğilmede çekme ve basınç dayanımı değerlerinin davranışlarıyla benzerlik göstermektedir. En yüksek elastisite modülü değeri % 10 GYFC oranı için 80 GPa olarak elde edilirken en düşük değer ise % 40 oranı için 16 GPa olarak bulunmuştur. Elastisite modülü değerleri oldukça değişkenlik göstermektedir. Bunun

nedeni bir kenarı 150 mm olan harç küp numunelerinin kullanılması olabilir. Uygun kompressometre kullanımı için düşünülen yöntem sonucu numunedeki kusurların ve düzensizliklerin artması elastisite modüllerinin düzensiz ve değişken olmasına neden olduğu düşünülmektedir. Bununla beraber, deneysel olarak şekil değiştirmelerinin ölçülmesinde daha küçük boyutlu (örneğin bir kenarı 70 mm olan harç küp numunelerinde) ölçülmesidaha uygun olabilirdi ancak bu şekil değiştirmeler bir komparametre yardımıyla numunenin ortasından ölçülmesi gerekirdir. Bu durumda da elastisite modülleri hatalı sonuçlar verebilirdi. Ancak şekilden, GYFC ince agregasının yer değiştirme oranı arttıkça harç numunelerinin elastisite modülünü azaltma yönünde bir davranış gösterdiği söylenebilir.

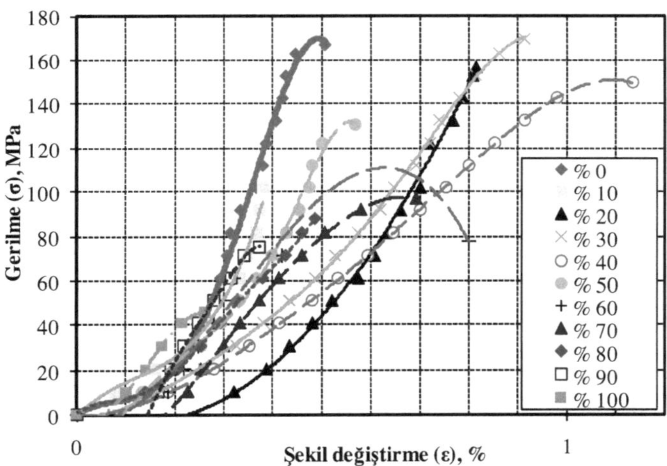

Şekil 3.6. Gerilme-şekil değiştirme diyagramları.

Mekanik ve elastik özelikler açısından, GYFC içeren harç numunelerinin kuruma rötresi çatlak genişliklerinin, daha düşük dayanım ve elastisite modülü özelikleri nedeniyle daha düşük olması literatürde belirtilen etkileri dikkate alındığında daha az olmasının beklenmektedir. Ancak, serbest rötre ve rötre çatlaklarının genişlikleri ile birlikte değerlendirilmesi gerekmektedir.

3.3.7. Serbest kuruma rötresi

Serbest kuruma rötresi deneyinde belirlenen birim şekil değiştirmeler Şekil 3.7'de sunulmuştur. Öncelikle, % 10, 20, 70, 80, 90 and 100 gibi yer değiştirme oranları için serbest kuruma rötresindeki artışın en önemli nedeninin GYFC içeriği arttıkça harçlarda oluşan boşluklu yapının artmasının olduğu düşünülmektedir. Ancak, GYFC'nun gözenekli yapısı ve harçların düzensiz boşluk yapısından davranışın düzenli bir artıştan meydana geldiğini söylemek olanaklı değildir. Ayrıca, % 30, 40 ve 50 GYFC oranları için serbest kuruma rötresinin referans seriden daha az olduğu görülmüştür. Öte yandan, % 60 ve % 100 oranları arasında GYFC içeren harç numunelerinin serbest rötrelerde göreceli olarak yüksek değerler elde edilmiştir.

Ayrıca, % 50 ve 100 arasındaki numunelerin serbest kuruma rötresi şekil değiştirme değerleri de birbirine yakındır. Bu düzensiz değişimin bir başka nedeni GYFC'nun yüksek su emme oranına rağmen yeni nesil süperakışkanlaştırıcı katkının su gereksinimini azaltması olabilir. Böylece, GYFC ile bu katkının birlikte kullanılması düzensiz oluşumun nedeni olarak düşünülebilir. Ayrıca, kuruma devam ettikçe beklendiği gibi her serinin serbest kuruma rötresinde zamanla artış oluşmaktadır. Ancak, özellikle 35. günden sonra yapısındaki suyun çoğunluğu azaldığından bu süreden sonra meydana gelen su kayıplarının daha az olması nedeniyle serbest kuruma rötresi giderek azalan bir artış eğilimi göstermiştir. Artış hızının eğimi bu süreden sonra azalmıştır. Serbest kuruma rötresi deney sonuçlarına göre GYFC ince agrega olarak kullanıldığında % 30 ve 50 arasındaki yer değiştirme oranları için kuruma rötresinin azaldığı görülmektedir. Çizelge Ek 1.10'da serbest kuruma rötresi değerleri verilmiştir.

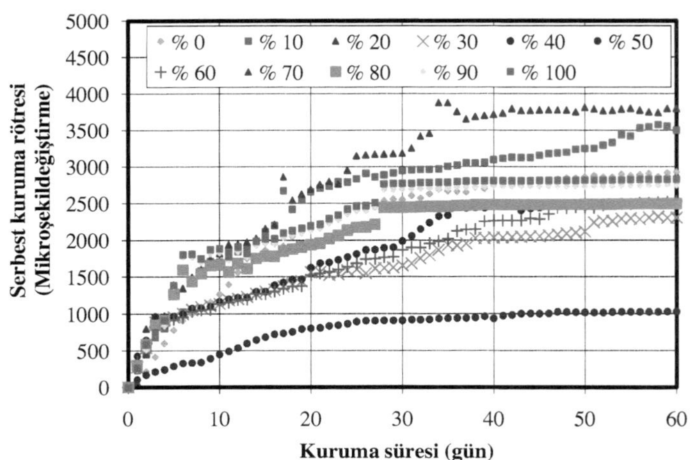

Şekil 3.7. GYFC içeren harçların serbest kuruma rötresi değişimi.

3.3.8. Kısıtlanmış kuruma rötresi çatlak genişlikleri

Halka deneyinden elde edilen kuruma rötresi çatlaklarının genişlikleri Şekil 3.8'de gösterilmiştir. Çatlaklar tekil şekilde tek bir çatlak olarak oluşmuş ve dairesel yüzeyin üst kısmından başlayarak tabana doğru ilerleyerek gelişmiştir. Ayrıca, çatlak tabana doğru ilerlerken çatlak genişlikleri de zamanla artmıştır. Ayrıca, GYFC kullanılan harçlarda kullanım miktar arttıkça bağlı olarak ilk gözle görülür çatlağın oluşma zamanının geciktiği belirlenmiştir. Aynı zamanda, çatlak genişlikleri de % 40 oranında % 100 yer değiştirme oranına kadar GYFC içeriği arttıkça basınç dayanımı ve elastisite modülündeki azalışa bağlı olarak azalmıştır. Bununla birlikte, GYFC içeren harçların çatlak genişlikleri referans serinin çatlak genişliklerinden daha azdır. Hatta elastisite modülü ve basınç dayanımı değerlerinde olduğu gibi çatlak genişlikleri değerleri de % 60 ve % 100 yer değiştirme oranlarında birbirine yakın çıkmıştır. Daha düşük dayanımlı harçların daha az çatlama gösterme davranışı beklendiği gibi çatlak genişlikleri değerlerinden gözlenmektedir. Daha boşluklu yapıya sahip, daha düşük dayanımlı ve daha düşük elastisite modülü ancak daha yüksek çekme dayanımına sahip beton veya harçlarda daha az çatlak genişliklerinin oluştuğu bilinmektedir. Daha yüksek dayanımlı betonlar veya harçlar daha düşük enerji yutma kapasitesine sahip oldukları için daha çabuk çatlamakta ve daha büyük çatlaklar oluşmaktadır.

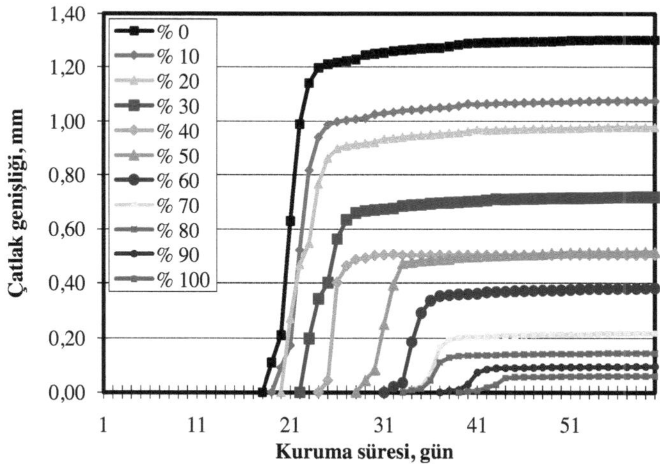

Şekil 3.8. GYFC içeren harçların kuruma rötresi çatlak genişlikleri değişimi.

Çatlaklar % 0, 10, 20, 30, 40, 50, 60, 70, 80, 90 ve 100 serileri için sırasıyla 19, 20, 21, 23, 25, 29, 32, 34, 34, 38 ve 40. günlerde oluşmuştur. Bu şekilde oluşturulan çatlaklar GYFC içeren serilerde en son genişliklerine 20 ile 40 gün arasındaki bir süreç içerisinde ulaşmaktadır. Ancak, çatlak oluştuktan hemen sonraki 4-5 günlük süreç içinde çatlaklar hızla gelişmekte ve daha sonra daha yavaş bir hızda çatlak genişlikleri artmaktadır. Ayrıca, GFYC ince agrega içeriği arttıkça çatlak genişliğinin artış hızının da giderek azaldığı görülmüştür. Çizelge Ek 1.11'de çatlak genişlikleri verilmiştir.

Çizelge ek 1.11'de görüldüğü üzere, GYFC arttıkça çatlak oluşumu gecikmiş, çatlaklar daha yavaş bir hızda ve daha az genişliklerde gelişimine devam etmiştir. En büyük çatlak genişlikleri referans numunelerde ve en düşük çatlak genişlikleri ise % 100 harç numunelerinde gözlenmiştir. Harç numunelerinde 60 gün kuruma koşullarına maruz bırakıldıktan sonra ölçülen en büyük çatlak genişliği referans numunelerde olmak üzere 1.3 mm olarak ölçülmüştür. En küçük olan ise % 100 GYFC ince agregası içeren numunelerde 0.06 mm olarak elde edilmiştir. Ayrıca, çatlak uzunlukları dairesel yüzeyin yüksekliği olan 140 mm'ye 10 ile 15 gün aralarındaki sürelerde ulaşmaktadır. GYFC oranı arttıkça çatlak hassasiyeti elastisite modülü ve basınç dayanımının azalması nedeniyle azalmaktadır. Rötre çatlakları ve diğer mekanik özelikler birlikte değerlendirildiğinde harçlarda % 40 oranında GYFC'nun kullanılmasının uygun olduğu sonucuna varılmıştır.

3.4. TK'nün İnce Agrega Olarak Harçların Kuruma Rötresi Çatlaklarına Etkisi

İkinci kısımda ise öğütülmemiş TK ince agrega olarak CEN standart kumu ile yer değiştirilmiştir. Çizelge Ek 1.12'de Zonguldak İli Çatalağzı Termik Santral'inden temin edilen kullanılan TK ince agregası ile CEN standart kumunun bazı özelikleri verilmiştir. Şekil 3.9'da ise elek analizi sonuçları CEN kumunun olması gereken tane dağılımı ile karşılaştırılmıştır. Şekil 3.9'a bakıldığında, TK'nün tane dağılımının CEN kumuna göre daha kaba olduğu ve % 20'den fazlasının 2 mm eleğin üstünde kaldığı açıktır. CEN kumunun tane büyüklüğü 2 mm'nin altında kalmaktadır.

Bir başka deyişle, TK ince agregası CEN kumuna göre daha kabadır. Bu durum, TK ince agregası ile üretilen betonların veya harçların daha boşluklu bir yapıya sahip olmasına neden olmaktadır. Daha boşluklu yapıya sahip dayanımı daha düşük betonlar ise rötre çatlaklarına karşı hassasiyeti yani çatlak oluşma olasılığını azaltmaktadır. Bu daha önce yapılan çalışmalarda da ortaya konulmuştur. Ayrıca, Çizelge 4.7'de de TK'nün su emme oranının CEN kumuna göre daha fazla olduğu da görülmektedir. Bunun yanında, kuruma sırasında su emme oranının kuruma rötresini arttırma da önemli etkileri olduğu bilinmektedir (Kanna et al., 1998). GYFC ince agregasına benzer şekilde ölçülen mevcut su durumu % 3 ile 4 arasında değişmiştir. Bunun yanında, TK gibi agregaların elde edildikleri kaynaklara göre özelikleri farklılık gösterebilmektedir. Örneğin, TK ve UK elde edildikleri santralin fırın tipine ve yakılan kömüre göre çok farklı özelikler göstermektedir. Çatalağzı Termik santralinden elde edilen TK'ünde karbon oranı yüksektir. Ayrıca, gözenekli bir yapısı vardır ve bir miktarda Fe_2O_3 içermektedir. Bu özelikleri nedeniyle beton özeliklerinde değişken sonuçlara neden olabilmektedir. Ancak, mekanik özelikleri genel olarak azaltmaktadır (Yüksel and Bilir, 2007).

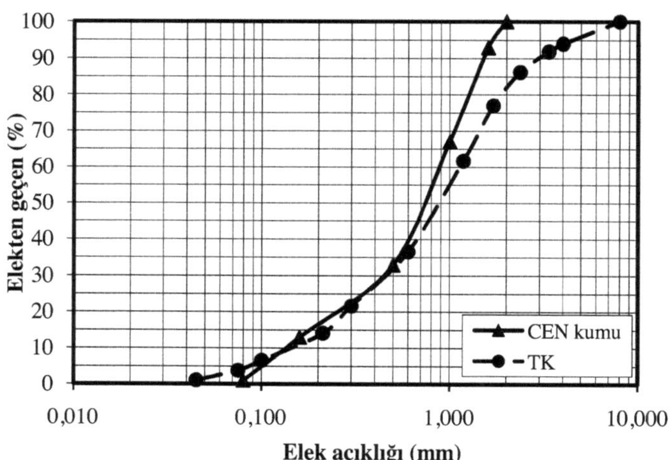

Şekil 3.9. TK ve CEN standart kumunun tane dağılımları.

TK de GYFC'na benzer şekilde ve amaçla hiçbir işleme tabii tutulmadan laboratuvar koşullarındaki nem durumunda kullanılmıştır. Daha önceki çalışmalarda TK'nün % 50 oranında ince agrega olarak beton veya beton elemanlarda kullanılarak dayanıklılık, dayanım ve geçirimlilik gibi özelikleri incelenmiştir (Yüksel et al., 2006; Yüksel and Bilir, 2007; Yüksel et al., 2007). Bu çalışmada ise TK'nün bu şekilde öğütülmeden kullanılarak harçların kuruma rötresi çatlakları ile ilgili veri sağlanmıştır. Bunun yanında, literatürde TK'nün de ince agrega olarak harç veya betonda kuruma rötresi çatlaklarına olan etkisini inceleyen bir çalışmaya rastlanamamıştır. Öncelikle standart harç karışımları ile ilgili bir çalışmada ilk bilgilerin sağlanması düşünülmüştür.

Ayrıca, yüksek oranda su azaltan yeni nesil polikarboksilat bazlı süper akışkanlaştırıcı da TK'nün yüksek su emme oranından kaynaklanabilecek kıvam kayıplarını azaltmak için üretici tarafından önerilen miktarda kullanılmıştır. TK ağırlıkça ince agrega yerine kullanıldığı için çimento pastası miktarı 500 gr ve su-çimento oranı 0.5 olarak sabit tutulmuştur. TK ince agregası içeren betonda donma-çözülme, yüksek sıcaklık, aşınma, mekanik ve fiziksel özeliklerin araştırıldığı çalışmalar vardır ama rötre çatlakları incelenmemiştir (Yüksel et al., 2007).

Şekil 3.9 incelendiğinde, TK'nün tane dağılımının CEN kumuna yakın olmasına rağmen TK'nün % 55'i 1 mm'nin üzerindeyken CEN kumunun % 35'i 1 mm'in üzerinde olmaktadır. Ayrıca, TK'nün en büyük agrega tane boyutu 8 mm'ye ulaşmaktadır. Halbu ki CEN kumunun tane büyüklüğü 2 mm'nin altında kalmaktadır.

3.4.1. Yayılma tablası deneyi

Çizelge 3.3'de bütün serilerin ölçülen yayılma çapları verilmiştir. TK'nün yüksek su emme oranı yayılma yarıçaplarını ve işlenebilirliği giderek azaltmıştır.

Çizelge 3.3. TK içeren harçların yayılma çapları

TK oranı (%)	Yayılma çapı (mm)
0	19.8
10	19.3
20	19.2
30	19.0
40	18.9
50	18.8
60	18.5
70	18.2
80	18.0
90	17.9
100	17.9

Yeni nesil bir süper akışkanlaştırıcı katkının kullanılması TK'nün işlenebilirliği daha fazla azaltmasına engel olmuştur. Harç numunelerinin yerleştirilmesinde ve sıkıştırılmasında kolaylık sağlamıştır. Bu nedenle de, TK'nün sadece boşluk oranına olan etkisini en aza indirmeye çalışılarak çatlak oluşumun gözlenmesi amaçlanmıştır. Bir başka deyişle TK'lü numuneler referans harç numunesiyle karşılaştırılabilmek amacıyla yerleştirilebilmesinin sağlanmasına çalışılmıştır.

3.4.2. Birim ağırlık

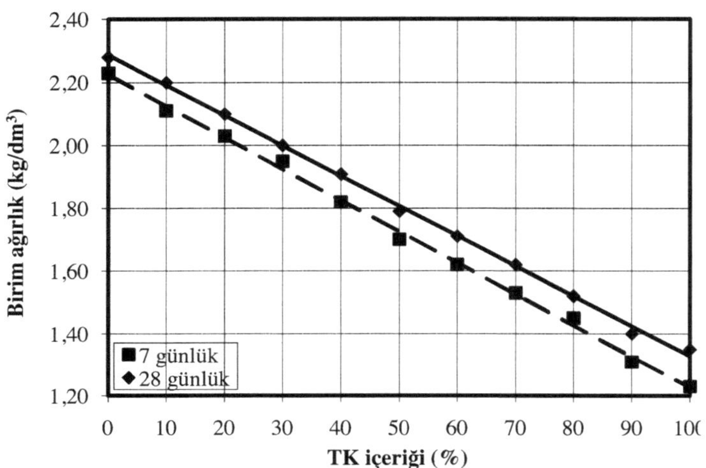

Şekil 3.10. TK içeriğine göre birim ağırlık değerleri.

Şekil 3.10'da 7 ve 28 günlük ortalama birim ağırlık sonuçları verilmiştir. Referans seriye göre TK içeren serilerde genel olarak birim ağırlıkta azalış gözlenmiştir. Bu birim ağırlıkta azalmanın nedeni TK ince agregasının birim ağırlığının standart doğal kumunkinden daha az olmasıdır. Ayrıca, TK yer değiştirme oranı arttıkça TK'nün gözenekli kaba yapısından oluşan boşluk oranının artmasıdır. Birim ağırlık TK yer değiştirme oranı arttıkça giderek azalmıştır. Böylece, 28 günlük birim ağırlıklar 1.35 ile 2.28 kg/dm^3 arasında ve 7 günlükler 1.23 ile 2.23 kg/dm^3 arasında elde edilmiştir.

3.4.3. Ultrasonik ses geçiş hızı

Şekil 3.11'de 7 ve 28 günlük ultrasonik ses geçiş hızı ortalama değerleri verilmiştir. Ultrasonik ses geçiş hızı değerleri de TK yer değiştirme oranı arttıkça azalmıştır. Bu durum da, TK ince agregasının yer değiştirme oranı arttıkça harç numunelerinin boşluk oranının arttığını göstermektedir. Buna göre, % 20 TK oranına kadar ultrasonik ses geçiş hızında bir düşme gözlendikten sonra, % 30 oranı için göreceli bir artış meydana gelmiştir.

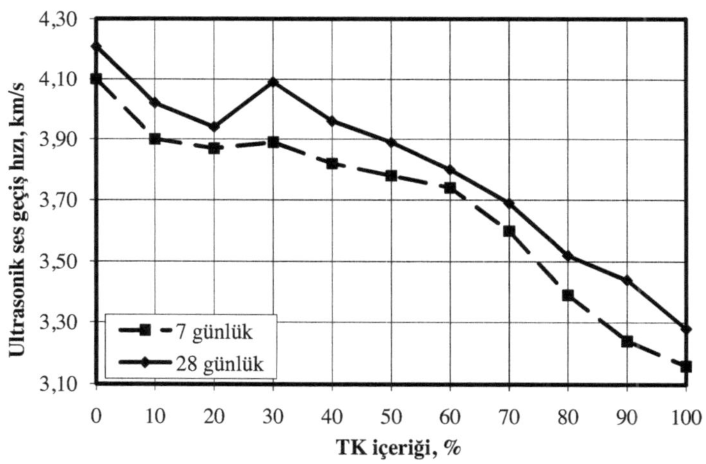

Şekil 3.11. TK içeriğine göre ultrasonik ses geçiş hızı değerleri.

Bununla beraber, % 40 orandan daha fazla TK ince agregası içeren harç numunelerinin 7 ve 28 günlük ultrasonik ses geçiş hızlarında düzenli bir azalış eğilimi vardır. Bunun yanında, 7 günlük ultrasonik ses değerleri 3.16 ile 4.10 km/s arasında ve 28 günlük ultrasonik ses değerleri ise 3.28 ile 4.21 km/s arasında değişmektedir.

3.4.4. Eğilmede çekme dayanımı

Şekil 3.12'de ise 7 ve 28 günlük eğilmede çekme dayanımı ortalama değerleri sunulmuştur. Boşluk oranının TK miktarının artışı ile artması nedeniyle eğilmede çekme dayanımı da giderek azalmaktadır. Buna göre, % 10 ve 20 TK oranları için bir miktar azalma görülmektedir ve daha sonra % 30 ve 40 oranlarında ise artış meydana gelmektedir. Bu orandan sonra, yeniden bir azalış söz konusudur. Bunun yanında, % 60 ve 70 oranlarında da TK içeren harç numunelerinin eğilmede çekme dayanımlarında % 30 oranındaki gibi az miktarda artış meydana gelmiştir. Ancak % 60 TK içeriğinden sonra harç numunelerinin eğilmede çekme dayanımlarının birbirine çok yakın değerler aldığı görülmüştür. TK içeriği arttıkça eğilmede çekme dayanımı azalmaktadır.

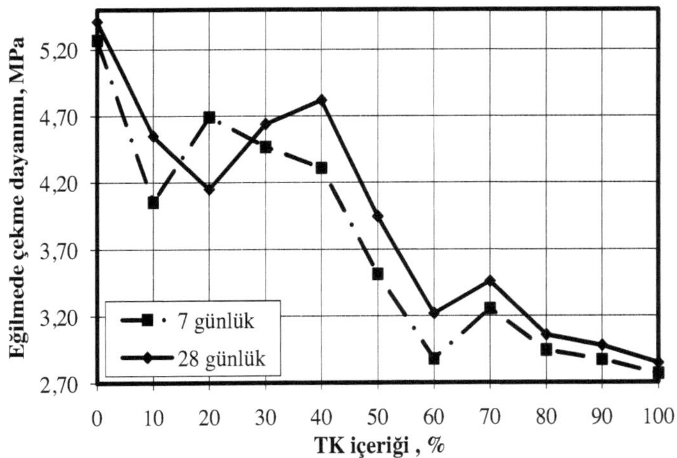

Şekil 3.12. TK içeriğine göre eğilmede çekme dayanımı değerleri.

Buna ek olarak, eğilmede çekme dayanımında % 10, 20, 30 ve 40 oranlarında TK ince agregası içeren 28 günlük harç numuneleri için referans numuneye göre sırasıyla % 15.90, 23.29, 14.23 ve 10.91 oranlarında düşüşler meydana gelmiştir. Bu düşüşler 7 günlük numunelerde % 23 ile 48 arasında ve 28 günlük numunelerde % 16 ile 47 arasında değişmektedir. Ayrıca, 28 günlük eğilmede çekme dayanımlarının değerleri de % 60 ile % 100 oranları arasında TK ince agregası içeren harçlarda birbirine çok yakın çıkmıştır. Ayrıca, % 0 ile 50 arasındaki oranlar için de eğilmede çekme dayanımlarının birbirine yakın olduğu söylenebilir. Bununla beraber, % 60 oranındaki ani düşüş ve değişken azalışlar TK'nün fiziksel ve kimyasal özeliklerine bağlanmaktadır. Sonuç olarak, % 40 oranına kadar bu düşüş değerleri referans numuneye kıyasla uygun ve referans numunenin değerine yakın olduğu söylenebilir. Çizelge Ek 1.13'de ise TK içeren numunelerle referans 28 günlük harç numunelerinin hepsinin eğilmede çekme dayanımları verilmiştir. Üretilen her seriye ait üçer numunenin eğilmede çekme dayanımları ve bu dayanımların ortalamaları her bir TK içeriği için gösterilmiştir.

3.4.5. Basınç dayanımı

Şekil 3.13'de basınç dayanımı ortalama değerleri verilmiştir. Benzer olarak boşluk oranı artışı nedeniyle TK oranı arttıkça basınç dayanımı da azalmıştır. Hem 7 günlük hem de 28 günlük basınç dayanımında da bir azalma eğilimi gözlenmektedir. Bunun yanında, 28 günlük basınç dayanımında referans serilere göre % 10, 20 ve 30 TK içeriği için sırasıyla basınç dayanımlarında % 11.97, 24.81 ve 8.94 oranlarında düşüş oluşmaktadır. Ek olarak, % 40 oranı için % 13.63 azalış elde edilmiştir. Bu azalmalar, 28 günlük basınç dayanımlarında % 55 değerine kadar artmaktadır. Ayrıca, 28 günlük basınç dayanımları ise 18 ile 40 MPa arasında olmaktadır. Sonuç olarak, TK ince agregası içeren numunelerde 28 günlük basınç dayanımlarının % 40 oranına kadar 30 MPa değerinin üstünde olduğu söylenebilir.

Basınç dayanımı değerleri eğilmede çekme dayanımı deneyinin yapılması sonrasında elde edilen 6 adet parçada basınç dayanımı deneyi yapılarak elde edilmiştir. Bu 6 adet parça iki adet plaka yardımıyla bir kenarı 40 mm olan küp numuneler oluşturularak kırılmıştır. Elde edilen basınç dayanımı değerlerinin ortalaması alınarak Şekil 4.13 oluşturulmuştur. Her bir TK içeriği için elde edilen 6 adet numuneden oluşan serilere ait basınç dayanımı değerleri Çizelge Ek 1.14'de verilmiştir.

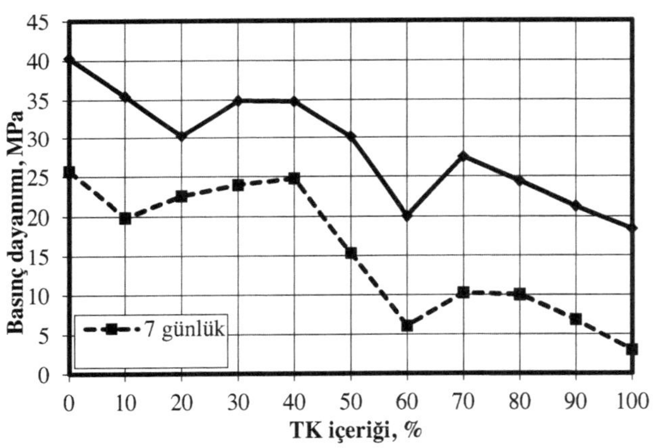

Şekil 3.13. TK içeriğine göre basınç dayanımı değerleri.

3.4.6. Elastisite modülü

Deneysel statik elastisite modülleri Şekil 3.14'de karşılaştırılmıştır. Elastisite modülü de genel olarak TK oranı arttıkça azalmıştır. Bununla beraber % 0 ile % 60 TK yer değiştirme oranına sahip harç numunelerinde azalma görülürken, % 60 ve 90 yer değiştirme oranları arasında % 60 TK içeren numunelere göre artış meydana gelmektedir. Ayrıca, en yüksek elastisite modülü değerleri TK içeren harç numunelerde % 50 oranında TK içeriğinde elde edilmiştir. Bu değerden sonra % 90 TK içeren serinin elastisite modülünün değeri gelmektedir. En düşük elastisite modülü değeri ise % 60 oranında TK içeren seride görülmüştür. Bununla beraber, TK içeren tüm serilerin elastisite modülleri referans numunelerinden düşüktür.

28 günlük elastisite modüllerini belirlemek için kullanılan gerilme-şekil değiştirme diyagramları Şekil 3.15'de gösterilmiştir. Elastisite modülü değerleri genel olarak değerlendirildiğinde referans numunelere göre % 10 TK oranı için % 36.67'lik bir azalma oluşmuştur. Bundan sonra, % 20, 30, 40 ve 50 oranları arasında TK içeren numuneler için sırasıyla % 31.67, 35, 50 ve 10 oranlarında bir azalma izlenmektedir. Bu noktadan sonra, en düşük elastisite modülü olan 17 GPa değerindeki % 60 TK oranında TK içeren harç numunelerindeki en yüksek azalma değeri % 72 civarındadır. Bunun nedeni bir kenarı 150 mm olan harç küp numunelerinin kullanılması olabilir. Uygun kompressometre kullanımı için düşünülen yöntem sonucu numunedeki kusurların ve düzensizliklerin artması elastisite modüllerinin düzensiz ve değişken olmasına neden olduğu düşünülmektedir. Bununla beraber, deneysel olarak şekil değiştirmelerinin ölçülmesinde daha küçük boyutlu (örneğin bir kenarı 70 mm olan harç küp numunelerinde) ölçülmesidaha uygun olabilirdi ancak bu şekil değiştirmeler bir komparametre yardımıyla numunenin ortasından ölçülmesi gerekirdir. Bu durumda da elastisite modülleri hatalı sonuçlar verebilirdi. Ayrıca, TK'nün granül yapısı düzensiz bir yapıya neden olabilmektedir. Ancak şekilden, TK ince agregasının yer değiştirme oranı arttıkça harç numunelerinin elastisite modülünü azaltma yönünde bir davranış gösterdiği söylenebilir.

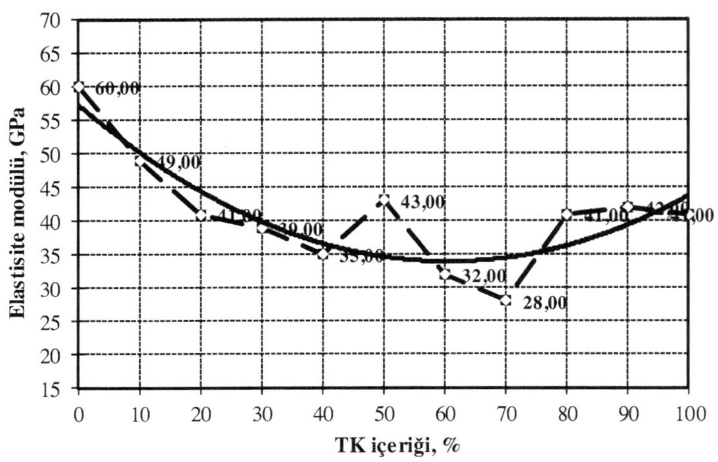

Şekil 3.14. Deneysel statik elastisite modülü.

Ayrıca, % 70 ile 100 arasındaki oranlar için ise bu düşüş değerleri % 19 ile 63 arasında gerçekleşmiştir. Bu durum boşluklu yapı ve TK agregasının elastisite modülünün daha düşük olması nedenlerinden kaynaklanmaktadır. Elastisite modülünün davranışı da ultrasonik ses geçiş hızı, birim ağırlık, eğilmede çekme ve basınç dayanımı değerlerinin davranışlarıyla benzerlik göstermektedir. Mekanik ve elastik özelikler açısından, TK içeren harç numunelerinin kuruma rötresi çatlak genişliklerinin, daha düşük dayanım ve elastisite modülü özelikleri nedeniyle literatürde belirtilen etkileri de dikkate alındığında daha az olması beklenmektedir. Ancak, serbest rötre ve rötre çatlaklarının genişlikleri ile birlikte değerlendirilmesi gerekliliği de belirtilmelidir.

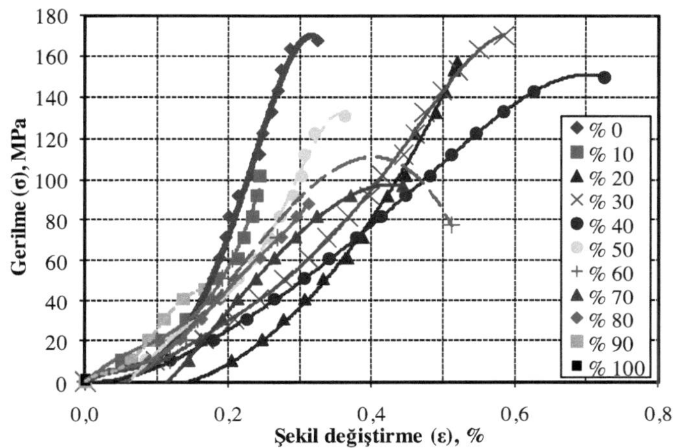

Şekil 3.15. Gerilme-şekil değiştirme diyagramları.

3.4.7. Serbest kuruma rötresi

Serbest kuruma rötresi deneyinde belirlenen birim şekil değiştirmeler Şekil 3.16'da sunulmuştur. Serbest kuruma rötresindeki artışın en önemli nedeninin TK içeriği arttıkça harçlarda oluşan boşluklu yapının artmasının olduğu düşünülmektedir. Ancak, TK'nün gözenekli ve harçların olası düzensiz boşluk yapısından dolayı kuruma rötresi davranışının düzenli bir azalış gösterdiğini söylemek olanaklı değildir. Ancak, elastisite modüllerinin referans serisinden düşük olması tüm serilerin serbest kuruma rötre değerlerinin de referans serisinin değerlerinden daha düşük olduğu gözlenmiştir. Ayrıca, % 70 TK oranından sonra yine elastisite modülüne benzer olarak göreceli bir artış meydana geldiği görülmüştür. Elastisite modülünün ve diğer özeliklerinin etkisiyle serbest kuruma rötrelerinde Şekil 3.16'daki davranış elde edilmiştir.

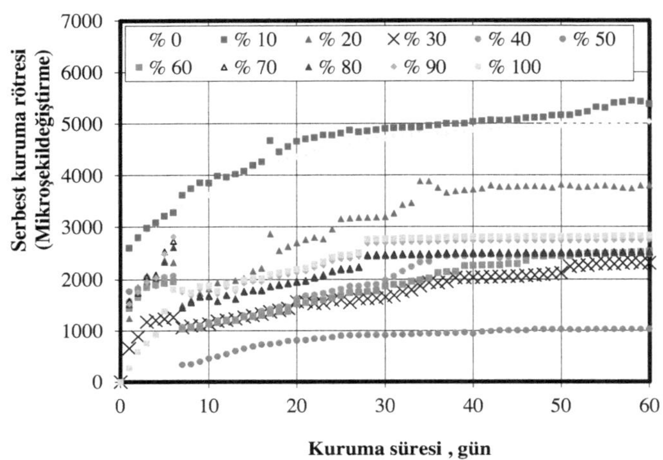

Şekil 3.16. TK içeren harçların serbest kuruma rötresi değişimi.

Ayrıca, % 30 ve 100 arasındaki numunelerin serbest kuruma rötresi şekil değiştirme değerleri de birbirine yakındır. Bu düzensiz değişimin bir başka nedeni olarak da TK'nün yüksek su emme oranına rağmen yeni nesil süperakışkanlaştırıcı katkının su gereksinimini azaltarak serbest kuruma rötresinin artması gerekirken bazı serilerin diğer serilere göre azalma eğilimi göstermesi olabilir. Böylece, TK ile bu katkının birlikte kullanılması düzensiz oluşumun nedeni olarak düşünülebilir. Ayrıca, kuruma devam ettikçe beklendiği gibi her serinin serbest kuruma rötresinde zamanla artış oluşmaktadır. Ancak, özellikle 30. günden sonra yapısındaki suyun çoğunluğu azaldığından bu süreden sonra meydana gelen su kayıplarının daha az olması nedeniyle serbest kuruma rötresi giderek azalan bir artış eğilimi göstermiştir. Artış hızının eğimi azalmıştır. Çizelge Ek 1.15'de serbest kuruma rötresi değerleri verilmiştir.

3.4.8. Kısıtlanmış kuruma rötresi çatlak genişlikleri

Halka deneyinden elde edilen kuruma rötresi çatlaklarının genişlikleri Şekil 3.17'de gösterilmiştir. Çatlaklar tekil şekilde tek bir çatlak olarak gözlemlenmiş ve dairesel yüzeyin üst kısmından başlayarak tabana doğru ilerleyerek gelişmiştir. Ayrıca, çatlak tabana doğru ilerlerken çatlak genişlikleri de zamanla artmıştır. Ayrıca, TK kullanılan harçlarda kullanım miktar arttıkça bağlı olarak ilk çatlağın oluşma zamanı gecikmiştir. Aynı zamanda, çatlak genişlikleri de % 0 oranında % 100 yer değiştirme oranına kadar TK içeriği arttıkça basınç dayanımı ve elastisite modülündeki azalışa bağlı olarak azalmıştır. Bununla birlikte, TK içeren harçların çatlak genişlikleri referans serinin çatlak genişliklerinden daha azdır. Daha düşük dayanımlı harçların daha az çatlama gösterme davranışı çatlak genişlikleri değerlerinden gözlenmektedir.

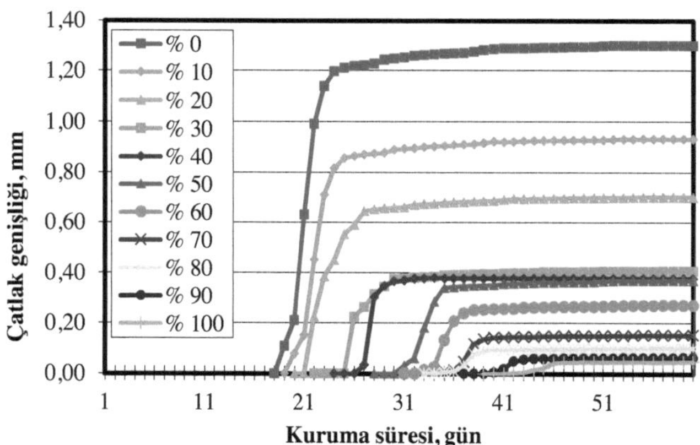

Şekil 3.17. TK içeren harçların kuruma rötresi çatlak genişlikleri değişimi.

Bu çalışmada yapılan tüm deneylerin sonuçları birlikte değerlendirildiğinde bu davranışı doğrulayan sonuçlar elde edilmiştir. Hatta TK içeren harç numunelerinde TK yer değiştirme oranı arttıkça halka deneyinde serbest rötre kuruması kısıtlanarak oluşturulan çatlakların genişlikleri de düzenli bir şekilde azalmaktadır. Bir başka deyişle, % 0 oranında başlayarak % 100 oranına doğru gidildikçe çatlak genişlikleri bir önceki seriye veya yer değiştirme oranına göre sürekli azalmaktadır.

Çatlaklar % 0, 10, 20, 30, 40, 50, 60, 70, 80, 90 ve 100 serileri için sırasıyla 19, 20, 22, 25, 26, 28, 19, 30, 30, 33 ve 35. günlerde oluşmuştur. Bu şekilde oluşturulan çatlaklar TK içeren serilerde en son genişliklerine 20 ile 40 gün arasındaki bir süreç içerisinde ulaşmaktadır. Ancak, çatlak oluştuktan hemen sonraki 4-6 günlük süreç içinde çatlaklar hızla gelişmekte ve daha sonra daha yavaş bir hızda çatlak genişlikleri artmaktadır. Ayrıca, TK ince agrega içeriği arttıkça çatlak genişliğinin artış hızının da giderek azaldığı açık bir şekilde gözlenmiştir.

TK ince agregasının kullanımının harçlarda serbest kuruma rötresi çatlaklarını azaltmaktadır. TK miktarı arttıkça bu etkinin şiddeti giderek daha fazla görülmektedir. Bu olumlu etki Şekil 3.17'den de anlaşılabilmektedir. Çizelge Ek 1.16'da tüm harç serilerinin ölçülen çatlak genişlikleri kuruma süresine göre karşılaştırılmıştır.

Sonuç olarak, TK arttıkça çatlak oluşumu gecikmiş, çatlaklar daha yavaş bir hızda ve daha az genişliklerde gelişimine devam etmiştir. En büyük çatlak genişlikleri referans numunelerde ve en düşük çatlak genişlikleri ise % 100 oranında TK yer değiştirme oranındaki harç numunelerinde gözlenmiştir.

Harç numunelerinde 60 gün kuruma koşullarına maruz bırakıldıktan sonra ölçülen en büyük çatlak genişliği referans numunelerde olmak üzere 1.3 mm olarak ölçülmüştür. En küçük olan ise % 100 TK ince agregası içeren numunelerde 0.047 mm'dir. Ayrıca, çatlak uzunlukları dairesel yüzeyin yüksekliği olan 140 mm' ye 10 ile 15 gün aralarındaki sürelerde ulaşmaktadır.

3.5. KK'nın İnce Agrega Olarak Harçların Kuruma Rötresi Çatlaklarına Etkisi

İnce agrega olarak kullanılan KK Eskişehir'deki bir kiremit fabrikasından temin edilmiştir. KK'nın fiziksel ve kimyasal özelikleri Çizelge Ek 1.17'de verilmiştir. Şekil 3.18'de ise elek analizi sonuçları CEN kumunun olması gereken tane dağılımı ile karşılaştırılmıştır. Şekil 4.18'e bakıldığında, KK'nın tane dağılımının CEN kumuna göre daha kaba olduğu ve % 60'dan fazlasının 1 mm eleğin üstünde ve % 35'ten fazlasının da 2 mm elek üstünde kaldığı görülmüştür. CEN kumunun tane büyüklüğü 2 mm'nin altında kalmaktadır. Bir başka deyişle, KK ince agregası da CEN kumuna göre daha kabadır. Bu durum, KK ince agregası ile üretilen betonların veya harçların daha boşluklu bir yapıya sahip olmasına neden olmaktadır. Ayrıca, Çizelge Ek 1.17'de de KK'nın su emme oranının CEN kumuna göre çok daha fazla olduğu da görülmektedir. KK da aynı amaçla mevcut nem durumunda kullanılmıştır. Ayrıca, yüksek oranda su azaltan yeni nesil polikarboksilat bazlı süper akışkanlaştırıcı da yine KK'nın yüksek su emme oranından dolayı işlenebilirliği sağlamak için kullanılmıştır. Karışımlarda çimento miktarı ve s-ç oranı sabittir. Mevcut nem durumu % 4 olarak elde edilmiştir.

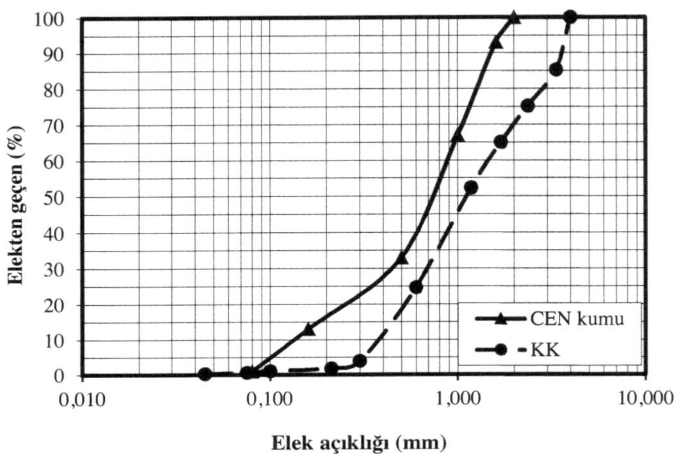

Şekil 3.18. KK ve CEN standart kumunun tane dağılımları.

3.5.1. Yayılma tablası deneyi

Çizelge 3.4'te bütün serilerin ölçülen yayılma çapları verilmiştir. KK'nın oldukça yüksek su emme oranı yayılma yarıçaplarını ve işlenebilirliği giderek azaltmıştır. Yine, yeni nesil bir süper akışkanlaştırıcı katkının kullanılması KK'nın işlenebilirliği daha fazla azaltmasına bir miktar engel olmuştur. Harç numunelerinin yerleştirilmesinde ve sıkıştırılmasında göreceli kolaylık sağlamıştır. Bu nedenle de, KK'nın sadece boşluk oranına olan etkisini en aza indirmeye çalışılarak çatlak oluşumun gözlenmesi amaçlanmıştır. Bir başka deyişle KK'lı numuneler referans harç numunesiyle karşılaştırılabilmek amacıyla yerleştirilebilmesinin sağlanmasına çalışılmıştır. KK içeren harç numunelerini işlenebilirlik açısından KK içermeyen referans numuneleriyle karşılaştırılmaya uygun hale getirilmiştir.

Çizelge 3.4. KK içeren harçların yayılma çapları

KK oranı (%)	**Yayılma çapı (mm)**
0	19.4
10	19.1
20	19.0
30	18.6
40	18.2
50	17.9
60	17.6
70	17.2
80	17.0
90	16.5
100	16.2

3.5.2. Birim ağırlık

Şekil 3.19'da 7 ve 28 günlük ortalama birim ağırlık sonuçları verilmiştir. Referans seriye göre KK içeren serilerde genel olarak birim ağırlıkta azalış gözlenmiştir. Bu birim ağırlıkta azalmanın nedeni KK ince agregasının birim ağırlığının standart doğal kumunkinden daha az olmasıdır. Bir başka neden ise, KK yer değiştirme oranı arttıkça KK'nın gözenekli kaba yapısından oluşan boşluk oranının artmasıdır. Bu iki etken sonucunda KK ince agregası içeren harç numunelerinde birim ağırlık KK oranı arttıkça azalmıştır. Bununla beraber, 28 günlük birim ağırlıklar 1.77 ile 2.28 kg/dm^3 arasında ve 7 günlükler 1.72 ile 2.23 kg/dm^3 arasında elde edilmiştir. Bir başka deyişle, % 100 KK ince agregası içeren harç seriler 28 günlük 1.77 kg/dm^3 ve 7 günlük 1.72 kg/dm^3 birim ağırlıklarıyla en hafif seriler olmaktadırlar.

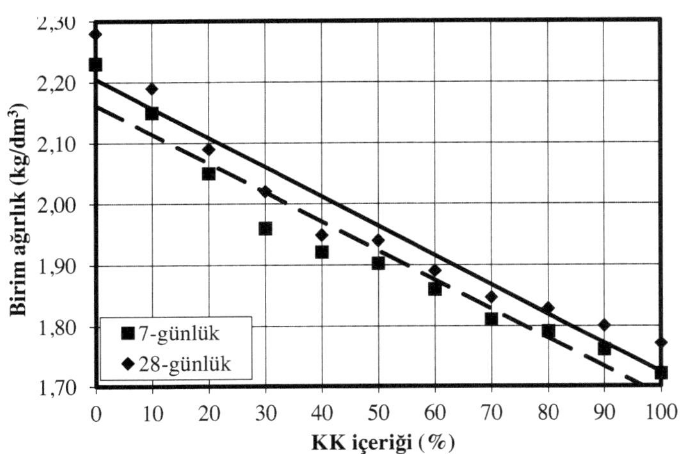

Şekil 3.19. KK içeriğine göre birim ağırlık değerleri.

3.5.3. Ultrasonik ses geçiş hızı

Şekil 3.20'de 7 ve 28 günlük ultrasonik ses geçiş hızı ortalama değerleri verilmiştir. Ultrasonik ses geçiş hızı değerleri de KK yer değiştirme oranı arttıkça doğrusala yakın bir eğilimde azalmıştır. Bu durum da, KK ince agregasının yer değiştirme oranı arttıkça harç numunelerinin boşluk oranının arttığını göstermektedir. Son olarak, 7 günlük ultrasonik ses değerleri 3.46 ile 4.10 km/s arasında değişirken, 28 günlük ultrasonik ses değerleri ise 3.54 ile 4.21 km/s arasında değişmektedir.

KK da diğer ince agrega türleri olan GYFC ve TK gibi ultrasonik ses geçiş hızı değerlerini yer değiştirme oranı arttıkça azaltmaktadır. Bu durum bu tür agregalarda da olduğu gibi KK ince agregasının da gözenekli ve boşluklu yapısını doğrulamaktadır. Bu agregaların gözenekli yapıları nedeniyle boşluk oranı artmıştır. Böylece, KK içeren harç numunelerinde de KK yer değiştirme oranı arttıkça ultrasonik ses geçiş hızları boşluk miktarının da artmasıyla nedeniyle giderek azalmaktadır.

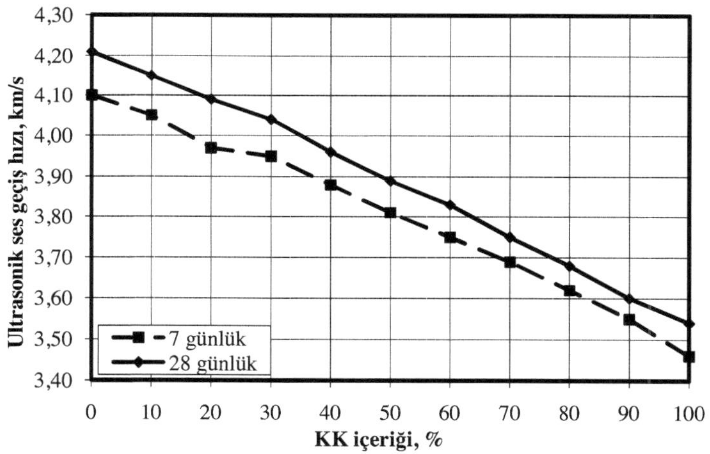

Şekil 3.20. KK içeriğine göre ultrasonik ses geçiş hızı değerleri.

3.5.4. Eğilmede çekme dayanımı

Şekil 3.21'de ise 7 ve 28 günlük eğilmede çekme dayanımı sonuçları verilmiştir. KK miktarının artışı ile eğilmede çekme dayanımı önce % 30 KK oranına kadara artış göstermiştir. Daha sonra, % 60 oranına kadar düşüş gösterdikten sonra % 70 oranında çok az miktarda artış meydana gelmiştir. Bu noktadan sonra ise % 100 oranına kadar tekrar eğilmede çekme dayanımında azalma gözlenmiştir. Ancak, KK ince agregasının kullanımının harçların çekme dayanımını arttırdığı da ulaşılan sonuçlardan biridir. Özellikle 28 günlük eğilmede çekme dayanımları % 100 oranı da dahil olmak üzere referans harç numunelerinden daha fazladır. Ancak %50 ve 60 KK oranlarında KK içeren harç numunelerinin eğilmede çekme dayanımlarının birbirine çok yakın değerler aldığı görülmüştür. Genel olarak, KK içeriği arttıkça eğilmede çekme dayanımı artmıştır. Bunun nedeni tuğla ve kiremit kırığı agregasının yüzeyinin pürüzlü olması ile betonda çimento matris fazı ile agrega arasındaki bağın daha iyi olmasına dayandırılmıştır. Çimento hamuru ile agrega arasındaki bağın iyileşmesinden kaynaklanan eğilme dayanımını da % 15 oranında artış gösterebilmektedir (Khaloo, 1994). Aynı zamanda tuğla kırığı agregası kullanılarak üretilen betonların basınç dayanımı artışına bağlı olarak eğilme dayanımlarının da doğrusal olarak arttığı daha önce yapılan çalışmalarda ortaya konulmuştur (Hansen, 1992).

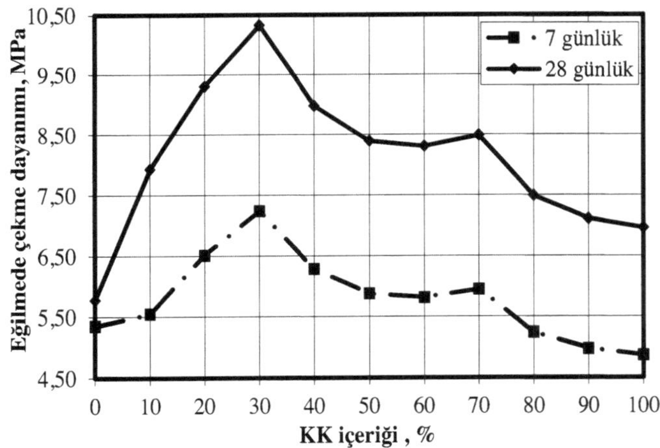

Şekil 3.21. KK içeriğine göre eğilmede çekme dayanımı değerleri.

Buna ek olarak, eğilmede çekme dayanımında % 30 oranına kadar KK ince agregası içeren 28 günlük harç numuneleri için referans numuneye göre % 100 oranına kadar artış meydana gelmiştir. Bu artışlar 7 günlük numunelerde daha az oranlarda ve referans numuneden biraz daha fazla olan değerlerle gerçekleşmiştir. Çizelge Ek 1.18'de ise KK içeren numunelerle referans 28 günlük harç numunelerinin eğilmede çekme dayanımları sunulmuştur. Üretilen her seriye ait üçer numunenin eğilmede çekme dayanımları ve ortalamaları her bir KK içeriği için gösterilmiştir.

3.5.5. Basınç dayanımı

Şekil 3.22'de basınç dayanımı ortalama değerleri verilmiştir. Boşluk oranı artışı nedeniyle KK oranı arttıkça basınç dayanımı da azalmıştır. Hem 7 günlük hem de 28 günlük basınç dayanımında da bir azalma davranışı görülmüştür. Bunun yanında, 28 günlük basınç dayanımında referans serilere göre % 10, 20 ve 30 KK içeriği için sırasıyla basınç dayanımlarında % 1.71, 24.99 ve 20.07 oranlarında düşüş oluşmaktadır. Ek olarak, % 40 oranı için % 14.90 azalış gözlenmiştir.

Bu azalmalar, 28 günlük basınç dayanımlarında % 60 değerine ulaşmaktadır. Ayrıca, 28 günlük basınç dayanımları ise 16 ile 42 MPa arasında olmaktadır. Harç üretiminde kullanılan KK ince agregası içeren numunelerde 28 günlük basınç dayanımları % 40 oranına kadar 30 MPa üstündedir.

S-ç oranı 0.54 ile 0.88 arasında değişen tuğla ve kiremit kırıklı betonlar için 28 günlük küp basınç dayanımları 22 ile 42 MPa arasında elde edilmektedir. Dayanımın değişimini etkileyen en önemli etken s-ç oranıdır (Akhtaruzzaman and Hasnat, 1983; Khaloo, 1994). Tuğla ve kiremit kırıklı beton üretiminde normal agregalı betonlara göre % 20 daha fazla çimento miktarına gereksinim duyulmaktadır (Hansen, 1992).

Eğer tuğla ve kiremit kırıkları ince agrega olarak kullanılacaksa, çimento miktarı daha da artacaktır. Bir başka deyişle, beklendiği gibi sabit su-çimento oranı ve çimento miktarı için KK harçlarda basınç dayanımı kaybına neden olmaktadır.

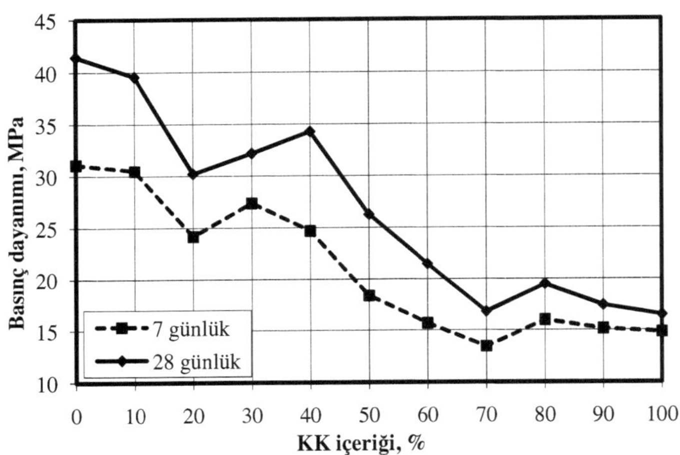

Şekil 3.22. KK içeriğine göre basınç dayanımı değerleri.

Basınç dayanımı değerleri eğilmede çekme dayanımı deneyinin yapılması sonrasında elde edilen 6 adet parçada basınç dayanımı deneyi yapılarak elde edilmiştir. Bu ortalama basınç dayanımı değerlerinin yanında her bir KK içeriği için elde edilen 6 adet numuneden oluşan serilere ait basınç dayanımları Çizelge Ek 1.19'da verilmiştir.

3.5.6. Elastisite modülü

Tuğla kırıklı betonların elastisite modülü benzer dayanımlı normal betonların sadece yarısı ile üçte ikisi arasındadır (Hansen, 1992). Kaba agrega olarak beton kırıkları kullanıldığında elastisite modülü, normal betonunkinden % 30 ile 40 oranlarında daha düşük olmaktadır (Frondistou-Yannas, 1977; Hansen, 1992).

Statik elastisite modülleri Şekil 3.23'de karşılaştırılmıştır. Elastisite modülü de genel olarak KK oranı arttıkça oldukça azalmıştır. Bununla beraber % 20 ile % 90 KK yer değiştirme oranına sahip harç numunelerinde azalma görülürken, % 10 ve 20 ile % 90 ve 100 yer değiştirme oranları arasında çok az bir miktar artış gözlenmiştir.

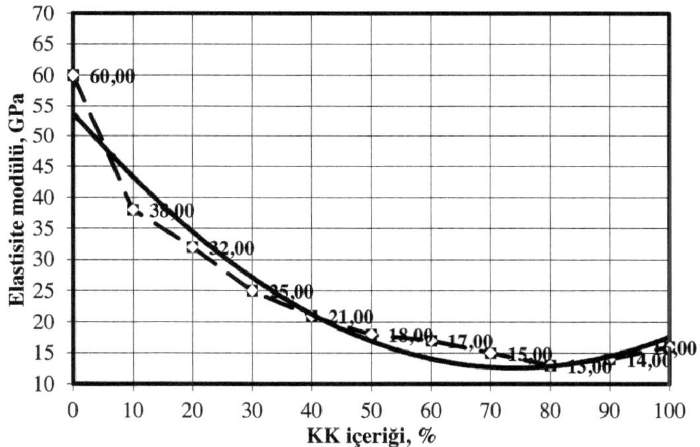

Şekil 3.23. Deneysel statik elastisite modülü.

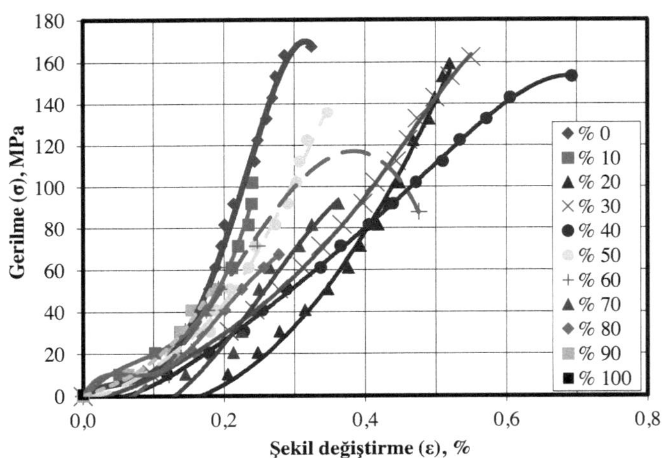

Şekil 3.24. Gerilme-şekil değiştirme diyagramları.

Ayrıca, en yüksek elastisite modülü değerleri KK içeren harç numunelerde % 20 oranında KK içeriğinde elde edilmiştir. En düşük elastisite modülü değeri ise % 90 oranında KK içeren seride görülmüştür. KK içeren tüm serilerin elastisite modülleri referans numunelerinden düşüktür. Elastisite modüllerinde önemli oranda azalma oluşmuştur.

Bu 28 günlük elastisite modüllerini belirlemek için kullanılan gerilme-şekil değiştirme diyagramları Şekil 3.24'de gösterilmiştir. Elastisite modülü değerleri genel olarak değerlendirildiğinde referans numunelere göre % 10 KK oranı için % 52'lik bir azalma oluşmuştur. Bundan sonra, % 20, 30, 40, 50 ve 60 oranları arasında KK içeren numuneler için sırasıyla % 47, 58, 65, 70 ve 72 oranlarında bir azalma izlenmektedir. Bu noktadan sonra, % 75 ile 83 değerleri arasında düşüşler gözlenmiştir. İnce agreganın hepsinin KK'dan oluştuğu % 100 oranındaki seride elastisite modülü 16 GPa olmaktadır. Bu durum, boşluklu yapı ve harç serilerinde kullanılan KK ince agregasının elastisite modülünün daha düşük olması nedenlerinden kaynaklanmaktadır.

34.5.7. Serbest kuruma rötresi

Serbest kuruma rötresi deneyinde belirlenen birim şekil değiştirmeler Şekil 3.25'de sunulmuştur. Serbest kuruma rötresindeki artışın en önemli nedeninin KK içeriği arttıkça harçlarda oluşan boşluklu yapının artmasının ve KK'nın hayli yüksek su emme oranının olduğu düşünülmektedir. Serbest kuruma rötresi hem zamanla bir artış göstermektedir hem de KK yer değiştirme oranı arttıkça referans harç numunelerine veya daha düşük yer değiştirme oranlarına göre serbest kuruma rötresinde bir artış söz konusu olmaktadır. Bu etkiyi süper akışkanlaştırıcı katkı kullanımı azaltmamıştır.

Bununla beraber, özellikle KK oranına bağlı olarak 20, 30 veya 40. günden sonra yapısındaki suyun çoğunluğu azaldığından bu sürelerden sonra meydana gelen su kayıplarının daha az olması nedeniyle serbest kuruma rötresi giderek azalan bir artış eğilimi göstermiştir. Artış hızının eğimi bu süreden sonra azalmıştır. Çizelge Ek 1.20'de serbest kuruma rötresi değerleri KK oranına göre verilmiştir.

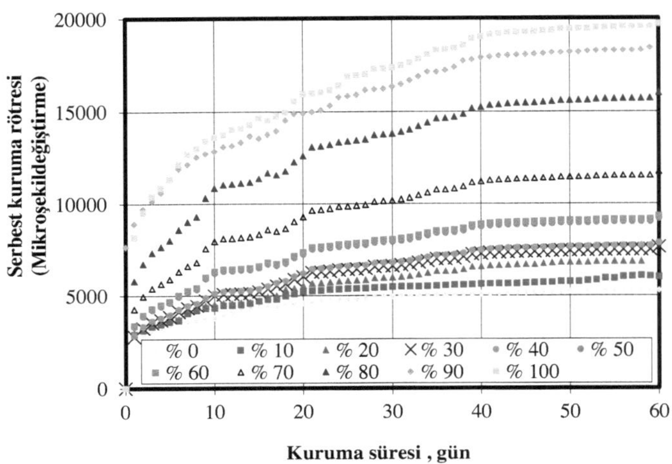

Şekil 3.25. KK içeren harçların serbest kuruma rötresi değişimi.

3.5.8. Kısıtlanmış kuruma rötresi çatlak genişlikleri

Halka deneyinden elde edilen kuruma rötresi çatlaklarının genişlikleri Şekil 3.26'da gösterilmiştir. Çatlaklar tekil şekilde tek bir çatlak olarak gözlemlenmiş ve dairesel yüzeyin üst kısmından başlayarak tabana doğru ilerleyerek gelişmiştir. Çatlak tabana doğru ilerlerken çatlak genişlikleri de zamanla artmıştır. Ayrıca, KK kullanılan harçlarda kullanım miktar arttıkça bağlı olarak ilk çatlağın oluşma zamanı gecikmiştir. Çatlak genişlikleri de % 0 oranında % 100 yer değiştirme oranına kadar KK içeriği arttıkça basınç dayanımı ve elastisite modülündeki azalışa bağlı olarak düzenli bir şekilde azalmıştır. Bunun nedeni çok açık bir şekilde KK ince agregası içeren harçların yüksek çekme dayanımları ve düşük elastisite modülleridir. Serbest kuruma rötresini yüksek su emme oranı nedeniyle arttırmasına rağmen çatlak genişlikleri nispeten azalmıştır. Yeni nesil yüksek oranda su azaltıcı süperakışkanlaştırıcı katkı az da olsa yerleştirilebilmeyi sağlamış ancak kuruma rötresinin etkisi tam olarak gözlenememektedir. Kısıtlanmış kuruma rötre çatlakları da belirtilen nedenlerden de KK yer değiştirme oranı azalmıştır. Ancak, katkı ile etkileşimi tam olarak açıklanamamaktadır.

Diğer özeliklerin bu tür bir davranışa neden olması literatürden dolayı da beklenen bir durumdur. Bununla birlikte, KK içeren harçların tamamının çatlak genişlikleri referans serinin çatlak genişliklerinden daha azdır. Hatta KK içeren harç numunelerinde KK yer değiştirme oranı arttıkça halka deneyinde serbest rötre kuruması kısıtlanarak oluşturulan çatlakların genişlikleri de elastisite modülü ve eğilmede çekme dayanımına bağlı olarak düzenli bir şekilde azalmaktadır. Bir başka deyişle, % 0 oranında başlayarak % 100 oranına doğru gidildikçe çatlak genişlikleri bir önceki seriye veya yer değiştirme oranına göre sürekli azalmaktadır.

Çatlaklar % 0, 10, 20, 30, 40, 50, 60, 70, 80, 90 ve 100 serileri için sırasıyla 21, 22, 22, 26, 25, 26, 26, 28, 30, 31 ve 34. günlerde oluşmuştur. Oluşturulan çatlaklar KK içeren serilerde en son genişliklerine 20 ile 40 gün arasındaki bir süreç içerisinde ulaşmaktadır. Ancak, çatlak oluştuktan hemen sonraki 4-6 günlük süreç içinde çatlaklar hızla gelişmekte ve daha sonra daha yavaş bir hızda çatlak genişlikleri artmaktadır. KK ince agrega içeriği arttıkça çatlak genişliğinin artış hızının da giderek azaldığı açık bir şekilde gözlenmiştir. KK ince agregasının kullanımı harçlarda kuruma rötresi çatlaklarını azaltmaktadır. KK miktarı arttıkça bu etkinin şiddeti eğilmede çekme dayanımı ve elastisite modülüne göre değişmektedir. Ancak, KK içeren serilerin hepsinin çatlak genişlikleri referans seriden daha azdır. Çizelge Ek 1.21'de tüm harç serilerinin ölçülen çatlak genişlikleri kuruma süresine göre karşılaştırılmıştır.

Sonuç olarak, KK arttıkça çatlak oluşumu gecikmiş, çatlaklar daha yavaş bir hızda ve daha az genişliklerde gelişimine devam etmiştir. En büyük çatlak genişlikleri referans numunelerde ve en düşük çatlak genişlikleri ise % 30 KK içeren harç numunelerinde gözlenmiştir. Harç numunelerinde 60 gün kuruma koşullarına maruz bırakıldıktan sonra ölçülen en büyük çatlak genişliği referans numunelerde olmak üzere 1.4 mm olarak ölçülmüştür. En küçük olan ise % 30 KK ince agregası içeren numunelerde 0.911 mm olarak elde edilmiştir. Ayrıca, çatlak uzunlukları dairesel yüzeyin yüksekliği olan 140 mm' ye ortalama olarak 12 gün süresinde ulaşmaktadır.

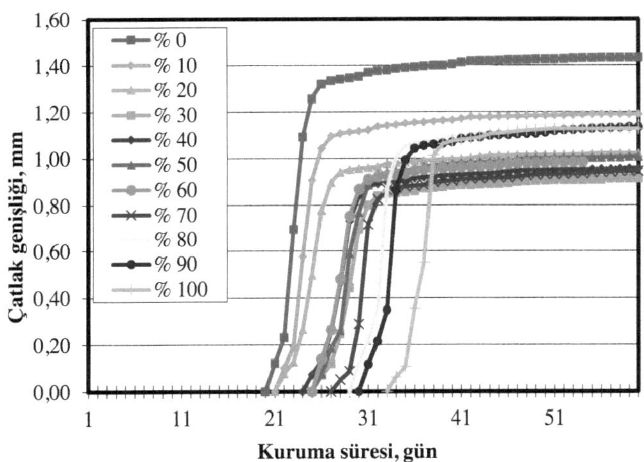

Şekil 3.26. KK içeren harçların kuruma rötresi çatlak genişlikleri değişimi.

3.6. UK'nün İnce Agrega Olarak Harçların Kuruma Rötresi Çatlaklarına Etkisi

İnce agrega olarak kullanılacak UK da Zonguldak İli Çatalağzı Termik Santrali'nden temin edilmiştir. UK'nın fiziksel ve kimyasal özelikleri Çizelge Ek

1.22'de verilmiştir. CEN kumunun tane büyüklüğü 2 mm'nin altında kalmaktadır. UK ince agregası ile üretilen betonların daha düşük dayanıma sahip olmasına neden olur. Bunun, yuvarlak tanelere sahip olması işlenebilirliği arttırır. Ancak, CEN kumu UK'dan daha kabadır.

Ayrıca, yüksek oranda su azaltan yeni nesil polikarboksilat bazlı süper akışkanlaştırıcı da yine UK içeren harç numunelerinde de kullanılmıştır. Ağırlıkça ince agrega yerine kullanıldığı için çimento pastası miktarı ve su-çimento oranı sabittir.

3.6.1. Yayılma tablası deneyi

Çizelge 3.5'de bütün serilerin ölçülen yayılma çapları verilmiştir. UK'nın oldukça yüksek su emme oranı yayılma yarıçaplarını ve işlenebilirliği giderek azaltmıştır. Yine, yeni nesil bir süper akışkanlaştırıcı katkının kullanılması KK'nın işlenebilirliği daha fazla azaltmasına bir miktar engel olmuştur. Harç numunelerinin yerleştirilmesinde ve sıkıştırılmasında göreceli kolaylık sağlamıştır

Çizelge 3.5. UK içeren harçların yayılma çapları

UK oranı (%)	Yayılma çapı (mm)
0	19.4
10	19.1
20	18.9
30	18.7
40	18.4

50	18.3
60	18.0
70	17.8
80	17.5
90	17.2
100	16.8

3.6.2. Birim ağırlık

Şekil 3.27'de 7 ve 28 günlük ortalama birim ağırlık sonuçları verilmiştir. Referans seriye göre UK içeren serilerde genel olarak birim ağırlıkta azalmıştır. Bu birim ağırlıkta azalmanın nedeni UK ince agregasının birim ağırlığının standart doğal kumunkinden daha az olmasıdır. Böylece, birim ağırlık UK yer değiştirme oranı arttıkça azalmıştır. Son olarak, 28 günlük birim ağırlıklar 1.47 ile 2.32 kg/dm^3 arasında değişirken, 7 günlükler 1.38 ile 2.28 kg/dm^3 arasında elde edilmiştir.

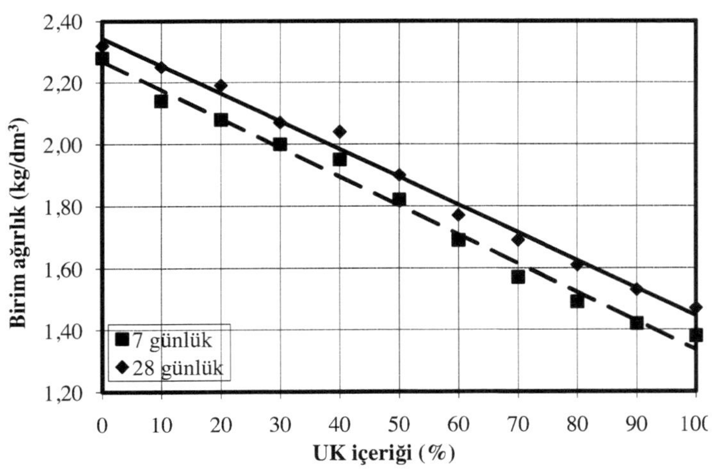

Şekil 3.27. UK içeriğine göre birim ağırlık değerleri.

3.6.3. Ultrasonik ses geçiş hızı

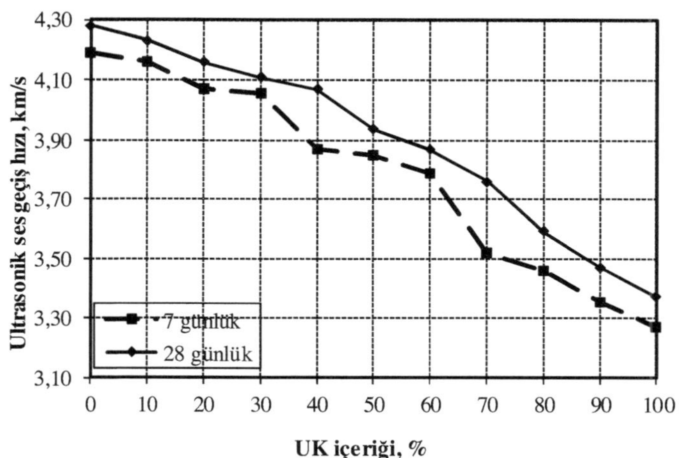

Şekil 3.28. UK içeriğine göre ultrasonik ses geçiş hızı değerleri.

Şekil 3.28'de 7 ve 28 günlük ultrasonik ses geçiş hızı ortalama değerleri verilmiştir. Ultrasonik ses geçiş hızı değerleri de UK yer değiştirme oranı arttıkça azalmıştır. Bu durum da, UK ince agregasının yer değiştirme oranı arttıkça harç numunelerinin boşluk oranının arttığını göstermektedir. 7 günlük değerleri 3.27 ile 4.19 km/s arasında ve 28 günlük değerleri 3.37 ile 4.28 km/s arasında değişmektedir.

3.6.4. Eğilmede çekme dayanımı

Şekil 3.29'da ise 7 ve 28 günlük eğilmede çekme dayanımı sonuçları verilmiştir. UK miktarının artışı ile nedeniyle eğilmede çekme dayanımı önce % 20

UK oranına kadar düşüş göstermiştir. Daha sonra, % 40 oranına kadar bir miktar arttıktan sonra % % 100 oranına kadar tekrar eğilmede çekme dayanımında azalma gözlenmiştir. UK ince agregası eğilmede çekme dayanımını KK ince agregası hariç diğer ince agregalara benzer şekilde yer değiştirme oranı arttıkça azaltmaktadır.

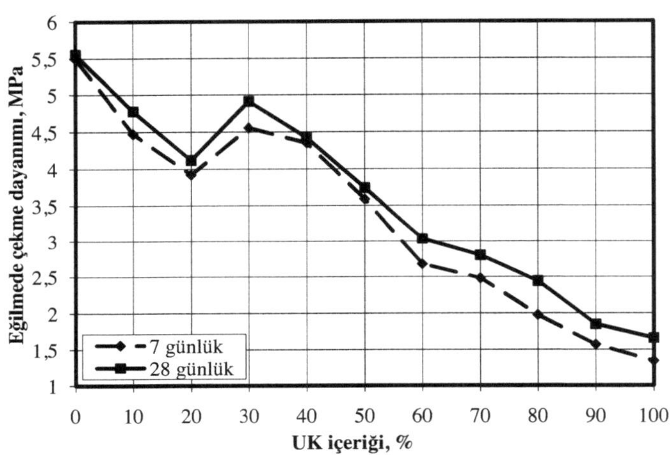

Şekil 3.29. UK içeriğine göre eğilmede çekme dayanımı değerleri.

Çizelge Ek 1.23'de ise UK içeren numunelerle referans 28 günlük harç numunelerinin eğilmede çekme dayanımları sunulmuştur. Üretilen her seriye ait üçer numunenin eğilmede çekme dayanımları ortalamaları her bir UK oranı için verilmiştir.

3.6.5. Basınç dayanımı

Şekil 3.30'da basınç dayanımı ortalama değerleri verilmiştir. UK oranı arttıkça basınç dayanımı da azalmıştır. Basınç dayanımları % 30 UK yer değiştirme oranına kadar artış göstermiş ve bu orandan sonra azalmıştır. Ayrıca, % 40 oranına kadar 32 MPa değerinin üstünde bir basınç dayanımı elde edilebilmektedir. Yine diğer agregalara benzer şekilde basınç dayanımı yer değiştirme oranı arttıkça azalmıştır. Bu tür yan ürünlerden elde edilen kaba veya ince agregalar genellikle normal agregalara ya da standart CEN kumuna göre daha az mekanik özeliklere sahip oldukları veya boşluk oranını arttırdıkları için genellikle kullanıldıkları harç ve beton türlerinin basınç dayanımlarını kullanılmadıkları türlere göre azaltmaktadırlar (Yüksel et. al., 2006).

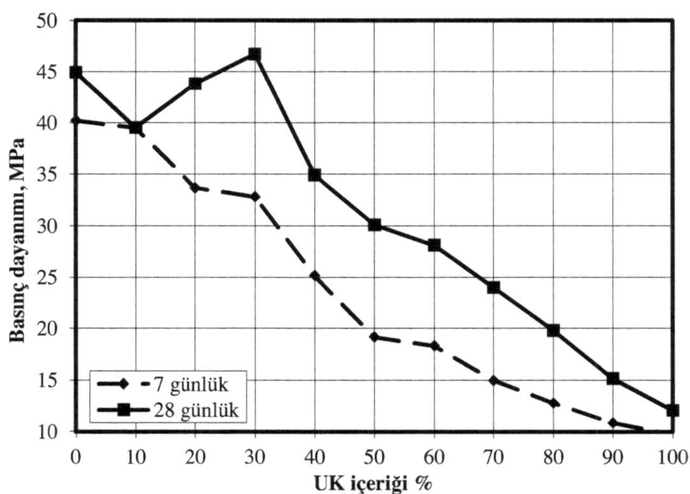

Şekil 3.30. UK içeriğine göre basınç dayanımı değerleri.

Basınç dayanımı değerleri eğilmede çekme dayanımı deneyinin yapılması sonrasında elde edilen 6 adet parçada basınç dayanımı deneyi yapılarak elde edilmiştir. Bu ortalama basınç dayanımı değerlerinin yanında her bir UK içeriği için serilere ait basınç dayanımı değerleri Çizelge EK 1.24'de verilmiştir.

3.6.6. Elastisite modülü

Statik elastisite modülleri Şekil 3.31'de karşılaştırılmıştır. Elastisite modülü de genel olarak UK oranı arttıkça oldukça azalmıştır. Bununla beraber % 10 ve % 20 yer değiştirme oranları, % 30 ve 40 ile % 70 ve 100 yer değiştirme oranları arasında bir miktar artış gözlenmiştir. Ayrıca, en yüksek elastisite modülü değerleri UK içeren harç numunelerde % 20 oranındaki UK içeriğinden elde edilmiştir. En düşük elastisite modülü değeri ise % 70 oranında UK içeren seride görülmüştür. UK içeren tüm serilerin elastisite modülleri referans numunelerinden düşüktür.

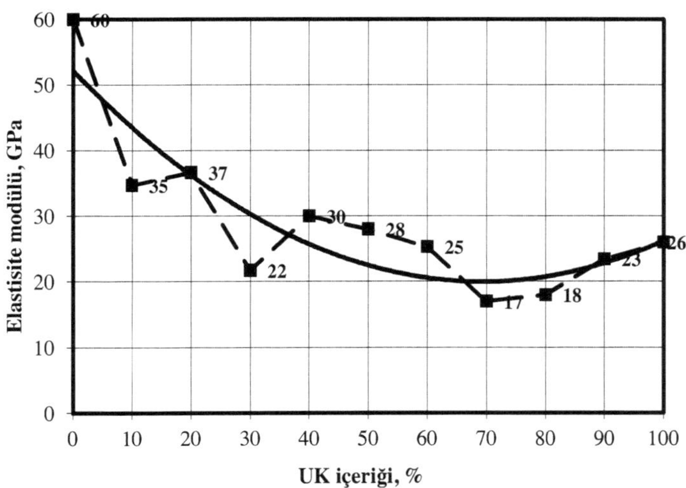

Şekil 3.31. Deneysel statik elastisite modülü.

Gerilme-şekil değiştirme diyagramları Şekil 3.32'de gösterilmiştir. Elastisite modülü değerleri referans numunelere göre % 10 KK oranı için % 42'lik bir azalma oluşmuştur. Azalma oranları % 38 ile 72 oranları arasında değişmektedir. İnce agreganın hepsinin UK'dan oluştuğu % 100 oranındaki seride elastisite modülü 26 GPa olmaktadır. En düşük elastisite modülü 17 GPa ile % 70 oranında elde edilmiştir.

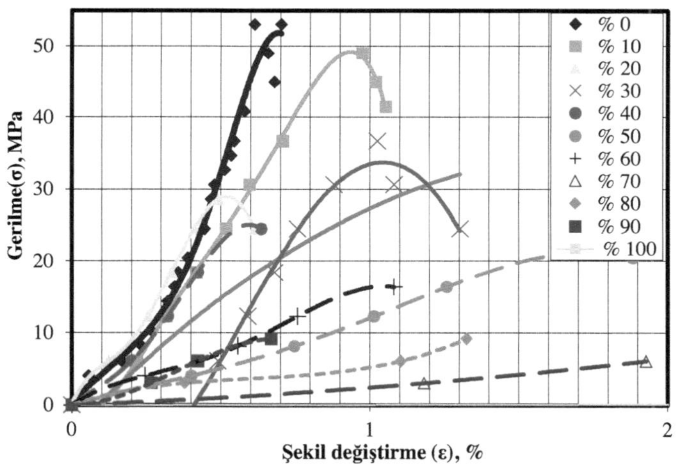

Şekil 3.32. Gerilme-şekil değiştirme diyagramları.

3.6.7. Serbest kuruma rötresi

Serbest kuruma rötresi deneyinde belirlenen birim şekil değiştirmeler Şekil 3.33'de sunulmuştur. Serbest kuruma rötresindeki artışın en önemli nedeninin UK'nün yüksek su emme oranı ve artan özgül yüzeyin olduğu düşünülmektedir. Serbest kuruma rötresi hem zamanla bir artış göstermektedir hem de UK yer değiştirme oranı arttıkça referans harç numunelerine veya daha düşük yer değiştirme oranlarına göre serbest kuruma rötresinde bir artış söz konusu olmaktadır.

Öte yandan, % 50 ve 90 UK oranlarına sahip harç numunelerinde elde edilen serbest kuruma rötresi şekil değiştirme değerlerinin birbirine çok yakın olduğu görülmektedir. UK oranı arttıkça daha düşük UK yer değiştirme oranlarına göre kuruma rötresi giderek azalan bir artış eğilimi göstermiştir. Çizelge Ek 1.25'de UK içeren harç serilerinde serbest kuruma rötresi değerleri verilmiştir.

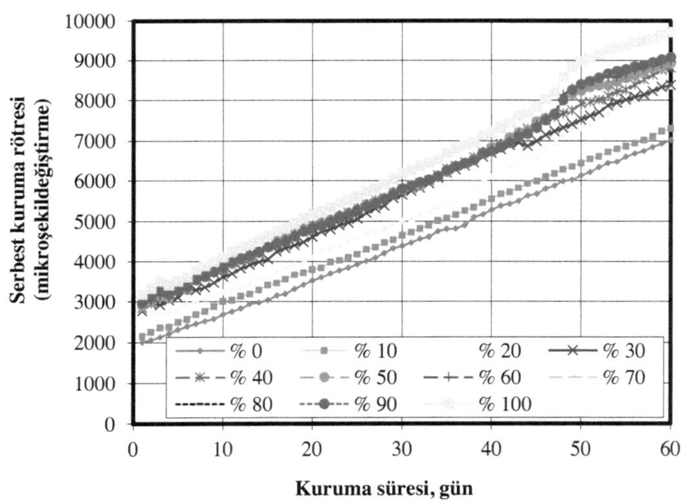

Şekil 3.33. UK içeren harçların serbest kuruma rötresi değişimi.

3.6.8. Kısıtlanmış kuruma rötresi çatlak genişlikleri

Halka deneyinden elde edilen kuruma rötresi çatlaklarının genişlikleri Şekil 3.34'de gösterilmiştir. Çatlaklar tekil şekilde tek bir çatlak olarak gözlemlenmiş ve dairesel yüzeyin üst kısmından başlayarak tabana doğru ilerleyerek gelişmiştir.

Çatlak tabana doğru ilerlerken çatlak genişlikleri de zamanla artmıştır. Çatlak oluşum süresi UK kullanımı ile gecikmiştir. Çatlak genişlikleri % 40 yer değiştirme oranına kadar artmıştır. Bu yer değiştirme oranında sonra % 70 UK yer değiştirme oranına kadar UK içeren serilerde çatlak genişliklerinde azalma gözlemlenmiştir.

Ayrıca, % 60 oranından daha yüksek oranlarda UK içeren serilerin hepsinin çatlak genişlikleri referans seriden daha azdır. Bununla beraber % 70 ile 100 UK oranları için çatlak genişliklerinde yeniden bir artış söz konusudur.

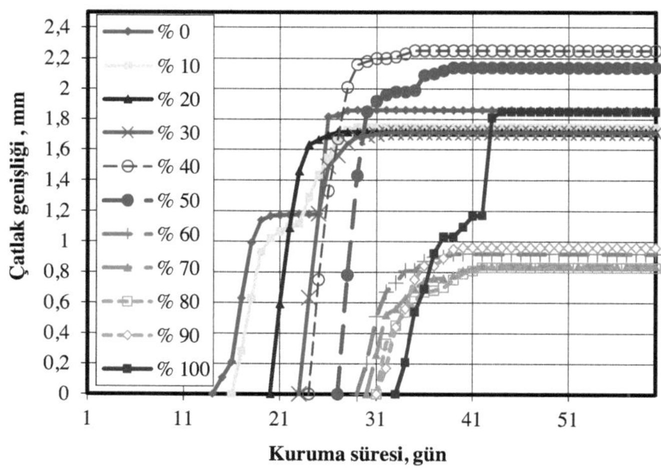

Şekil 3.34. UK içeren harçların kuruma rötresi çatlak genişlikleri değişimi.

Elastisite modülü de % 70 ve 100 oranları arasında artış göstermektedir. Azalan eğilmede çekme dayanımı ve artan elastisite modülünün etkisiyle böyle bir davranışının elde edilmiş olduğu düşünülebilir. Söz konusu % 60 ve 90 UK içeren serilerin çatlak genişliklerinin de birbirine çok yakın değerler aldığı da unutulmamalıdır. Referans serilerinde çatlaklar 15. günde oluşmaya başlamıştır. Buna ek olarak, % 10, 20, 30, 40, 50, 60, 70, 80, 90 ve 100 serileri için sırasıyla 15, 20, 23, 24, 27, 29, 30, 31, 31 ve 33. günlerde çatlaklar ilk kez gözlenmiştir. Bununla beraber, % 50 oranına kadar çatlak genişliği ilerleme hızları da daha düşük olmaktadır. Çatlaklar oluştuktan sonra kısa sürede en son genişliğine ulaşmış ve 60 günün sonuna kadar aynı kalmıştır.

Sonuç olarak, UK miktarı artışı % 50 oranına kadar çatlak genişliklerini arttırmış ve bu orandan sonra da azaltmıştır. Kontrol seri ile karşılaştırıldıklarında çatlak genişlikleri açısından, en uygun oranların % 10-20 ve % 60-90 arası oranları olduğu görülmüştür. Çizelge Ek 1.26'da ölçülen çatlak genişlikleri karşılaştırılmıştır.

Sonuç olarak, UK arttıkça çatlak oluşumu gecikmiş, çatlaklar daha yavaş bir hızda ve daha az genişliklerde gelişimine devam etmiştir. En büyük çatlak genişlikleri % 40 UK yer değiştirme oranlı numunelerde 2.25 mm olarak ve en düşük çatlak genişlikleri ise % 80 UK içeren 0.83 mm olarak gözlenmiştir.

Bu tez çalışmasında kullanılan her bir ince agreganın kullanıldığı harç serilerinde elde edilen çatlak genişlikleri kullanıldığı harçlarda elde edilen basınç dayanımı, eğilmede çekme dayanımı, elastisite modülü ve serbest kuruma rötrelerine etkilerine bağlı olarak harçların kuruma rötresi çatlaklarını farklı etkilemektedir.

Buna göre, en düşük genişlikler GYFC ve TK agregaları için elde edilmiştir. Daha sonra KK ve UK agregaları gelmektedir. Bu durumda, çatlak performansını etkileyen agreganın gözenekliliği, elastisite modülü, çekme dayanımı gibi özelikleri ön plana çıkmaktadır. Buna rağmen, diğer malzemelerle etkileşimi de farklı çatlak genişliklerine neden olmaktadır. Çatlak genişliklerinin oluşma mekanizması görecelidir, yani çatlak oluşum mekanizması ince agrega türü ile birlikte birçok faktöre bağlı olarak değişmektedir. Birim ağırlık ve ultrases deneyleri harçlarda bu yan ürünlerin harçların boşluk oranını arttırdığını göstermiştir. Bunun sonucu olarak eğilmede çekme dayanımı, basınç dayanımı ve elastisite modülü azalmaktadır. Bu sonuçta bu ince agregaların fiziksel, mekanik ve elastik özeliklerinin de etkili olduğu düşünülmektedir. Yüksek su emme oranları nedeniyle de serbest kuruma rötresi artmıştır. Buna karşın, düşük elastisite modülü ve basınç dayanımı nedeniyle çatlak hassasiyeti azalmış ve referans numuneye göre daha az çatlak genişlikleri gözlenmiştir. Şekil 3.35'de diğer harç özelikleri açısından en uygun oran olarak gözlenen % 40 yer değiştirme oranındaki çatlak genişlikleri verilmiştir.

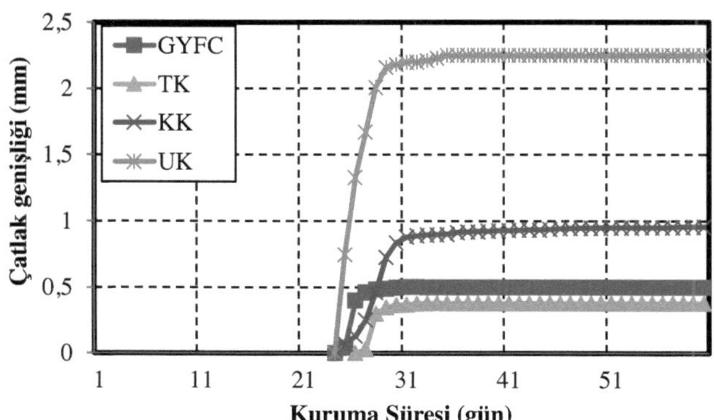

Şekil 3.35. % 40 oranında yan ürün içeren harçların çatlak genişliklerinin değişimi.

Buna göre, daha yuvarlak taneli olan UK daha az boşluk oluşturması nedeniyle daha fazla çatlak genişlikleri göstermiştir. Daha sonra gözenekli olmasına rağmen GYFC ve TK agregalarına göre daha düzgün tane şekline sahip KK'da GYFC ve TK'ya göre daha geniş çatlaklar gözlenmiştir. GYFC ve TK ise harçlarda oluşturdukları daha gözenekli yapı nedeniyle daha düşük çatlak hassasiyetine sahiptirler. Ancak halka deneyinin kendi içinde karşılaştırmalı bir deney olduğu unutulmamalıdır.

Bölüm 4

ANFIS Modeliyle GYFC Harç Çatlak Genişlikleri Tahmini

4.1. ANFIS: Uyarlanmış Sinir-Bulanık Sonuç Çıkarım Sistemleri

ANFIS herhangi bir hassaslık seviyesindeki bir kümede herhangi bir gerçek sürekli fonksiyonun tahmini için uygundur (Jang et al., 1997; İphar et al., 2008). Bir başka deyişle, bir uyarlanmış ağın düğüm fonksiyonlarının üzerinde parçalı diferansiyellenebilirlik hariç hiçbir kısıtlama yoktur. Ağ biçiminde tek sınırlama ileri besleme tipidir. Bu yüzden, uyarlanmış ağ uygulamaları çeşitli alanlarda yaygın olarak kullanılmaktadır. Önerilen mimari, uyarlanmış ağa dayalı bulanık sonuç çıkarma sistemlerini ifade eden ANFIS kelimesiyle belirtilir (Jang, 1993).

4.1.1. ANFIS mimarisi

En yaygın olarak kullanılan ANFIS türü Takagi ve Sugeno tarafından geliştirilen tiptir (Topçu and Sarıdemir, 2007; Topçu and Sarıdemir, 2008). Bu tip bulanık sonuç çıkarma sistemleri (FIS) için, eğer iki tane x ve y girdileri ile bir tane z çıktısı var ise, aşağıda verilen iki tane bulanık eğer-ise kuralı çıkarılabilir (Jang, 1993).

Kural 1: Eğer x'in değeri A_1 ve y'nin değeri B_1 ise, $f_1 = p_1x + q_1y + r_1$ olur.

Kural 2: Eğer x'in değeri A_2 ve y'nin değeri B_2 ise, $f_2 = p_2x + q_2y + r_2$ olur.

Aynı katmandaki düğüm fonksiyonları aşağıda açıklandığı gibidir.

Katman 1: Bu katmandaki her i düğümü bir düğüm fonksiyonlu kare düğümdür.

$$Q_i^1 = \mu_{A_i}(x) \tag{4.1}$$

Burada x, i. düğümün girdisidir ve A_i bu düğümle ilgili sözel değerlendirmedir (dar, geniş, küçük veya büyük vb.). x fonksiyonu en küçük değeri 0 ve en büyük değeri 1 olan çan şeklinde bir fonksiyon olarak seçilir.

$$\mu_{A_i}(x) = \frac{1}{1+\left[\left(\frac{x-c_i}{a_i}\right)\right]^{b_i}} \text{ veya } \mu_{A_i} = \exp\left\{-\left(\frac{x-c_i}{a_i}\right)^2\right\} \tag{4.2}$$

Burada $\{a_i, b, c_i\}$ değişken kümesidir. Değişken değerleri değiştikçe çan şekilli fonksiyonlar buna bağlı olarak değişir, bu nedenle de A_i sözel etiketlerinin değişik şekilli üyelik fonksiyonları (MF) da elde edilir. Yaygın olarak kullanılan trapezoidal veya üçgensel şekilli üyelik fonksiyonları gibi herhangi bir sürekli ve parçalı türevlenebilir fonksiyonlar da bu katmandaki düğüm fonksiyonları için kaliteli adaylardır. Bu değişkenler öncül değişkenlerdir (Topçu and Sarıdemir, 2008).

Katman 2: Bu katmandaki her bir düğüm T_z olarak etiketlenen, gelen sinyalleri çoğaltan ve ürünü dışarı gönderen dairesel bir düğümdür. Örneğin, Denklem 4.3'de her bir düğüm çıktısı bir kuralın basınç dayanımını göstersin.

$$w_i = \mu_{A_i}(x) \times \mu_{B_i}(y), i = 1.2 \tag{4.3}$$

Katman 3: Bu katmandaki her bir düğüm N olarak adlandırılan dairesel bir düğümdür. Burada i. Düğüm i. kuralın basınç dayanımının kuralların hepsinin basınç dayanımlarının toplamına oranını hesaplamaktadır. Genel olarak, bu katmanın çıktıları normalize edilmiş basınç dayanımları olarak adlandırılır.

$$\overline{w_i} = \frac{w_i}{w_1 + w_2}, i = 1.2 \tag{4.4}$$

Katman 4: Bu katmandaki her bir düğüm bir düğüm fonksiyonlu kare düğümdür.

$$Q_i^4 = \overline{w_i} f_i = \overline{w_i}(p_i x + q_i y + r_i) \tag{4.5}$$

Burada W_i katman 3'ün çıktısıdır ve $\{p_i, q_i, r_i\}$ değişken kümesidir.

Katman 5: bu katmandaki tekil düğüm C olarak adlandırılan ve bütün gelen sinyallerin toplamı olarak en son çıktıyı hesaplayan dairesel bir düğümdür.

$$Q_1^5 = en\_son\_çıkt = \sum \overline{w_i} fi = \frac{\sum w_i f_i}{\sum w_i} \tag{4.6}$$

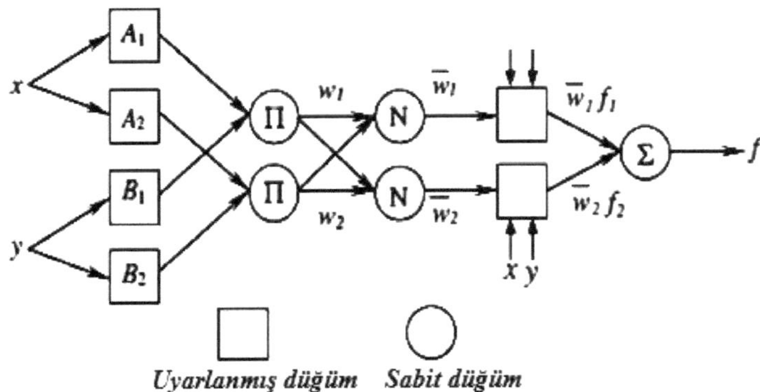

Şekil 4.1. Tipik ANFIS mimarisi (Jang et al., 1997; İphar et al., 2008).

Sorunlu kavramların sözel ve öznel açıklamalarını yansıtmaları nedeniyle, öğrenme mekanizmalarının üyelik fonksiyonlarının belirlenmesinde kullanılmaları gerekir. Aslında, bu duruma göre değişen bir seçimdir ve karar kullanıcılara bırakılmalıdır. Prensipte elde edilen girdi-çıktı verilerinin sayısı yeterince fazla ise, kullanıcı tarafından belirlenen üyelik fonksiyonları kişiden kişiye ve zamandan zamana değiştiği için üyelik fonksiyonlarının hassas ayarının yapılması daha uygundur. Dolayısıyla, arzu edilen çıktıların yeniden elde edilebilmesi için nadiren uygundurlar.

Ancak, veri kümesi çok küçük ise, büyük olasılıkla değerlendirilen sistemle ilgili yeterli bilgi içermez. Bu durumda, insana dayalı üyelik fonksiyonları insana uzmanların tecrübelerinden bilgiler sunmaktadır ve veri kümesinde yansıtılamamış olabilir. Bu nedenle, üyelik fonksiyonları öğrenme boyunca sabit olmalıdır (Jang, 1993). Eğer üyelik fonksiyonları aynı ve sabit ise ve sadece sonuç kısmı ayarlanmışsa, ANFIS, üyelik fonksiyonlarıyla girdi değişkenlerinin geliştirilmiş bir sunumunun sağlandığı bir fonksiyon bağlantılı bir ağ olarak görüntülenmektedir(Jang, 1993). ANFIS yönteminde kullanılan tipik mimari Şekil 4.1'de görülmektedir.

4.1.2. Basitleştirilmiş bulanık eğer-ise kurallı bulanık sonuç çıkarma sistemleri

Tip-1 sonuçlandırmada, sonuç kısmındaki üyelik fonksiyonları çan şekilli "orta düzey", "alt düzey" ve "üst düzey" gibi sözel terimler için uyumlu olmayan monotonik fonksiyonlarla sınırlandırılmıştır. Tip-2 sonuçlandırmada ise, arındırma süreci zaman kaybına neden olur ve değişkenlerin sistematik olarak hassas bir şekilde ayarlanması kolay değildir. Tip-3 türünde ise, girdi değişkenlerinin bulanık olmayan fonksiyonu olan sonuç kısmına herhangi uygun bir sözel terim atamak çok zordur. Bu dezavantajlarla başa çıkabilmek ve bunların model sonuçlarına etkisini azaltabilmek için, basitleştirilmiş bulanık eğer-ise kurallarının aşağıda verinle bir türü geliştirilmiştir.

Eğer x girdisi büyük ve y girdisi küçük ise, z çıktısı " d" sonucuna ulaşır.

z çıktısı bir düzenli bir değer ile ifade edilir. Basitleştirilmiş bulanık eğer-ise kurallarının bu sınıfı üç sonuçlandırma mekanizmasını da kullanabilir. Daha özgün olarak, bu basitleştirilmiş bulanık eğer-ise kuralının sonuç kısmı sırasıyla, Tip-1 sonuçlandırmada bir adım fonksiyonu ile (merkezlenmiş z=d noktasında), Tip-2'de tekil bir üyelik fonksiyonuyla (z=d noktasında) ve Tip-3'te ise sabit bir çıktı fonksiyonu ile gösterilir. Bu nedenle, bu üç sonuçlandırma mekanizması bu basitleştirilmiş bulanık eğer-ise kurallarının altında birleştirilir (Jang, 1993).

4.1.3. Takagi-Sugeno bulanık mantığının temeli

Takagi-Sugeno bulanık mantığı veya Sugeno bulanık mantığı ilk kez 1985 yılında ortaya çıkmıştır (Jang, 1993; Topçu and Sarıdemir, 2007; Topçu and Sarıdemir, 2008). Mamdani modelinin geliştirilmiş halidir. Girdileri bulanıklaştırma ve bulanık işlemini uygulama Mamdani modeliyle aynıdır. İkisinin arasındaki fark, çıktı üyelik fonksiyonudur. Sugeno tipi çıktı üyelik fonksiyonu doğrusal-sabit fonksiyonlar değildir. Çıktı fonksiyonları sabit olduğunda, bu tür bir model sıfır dereceden Sugeno bulanık modeli adını alır. Sıfır dereceden Sugeno mantığı aşağıdaki kuralla açıklanabilir.

Eğer x girdisi A ve y girdisi B ise, z=k olur.

Burada A ve B x ve y girdileri için tanımlanan bulanık kümedir. k sonuçta tanımlanan düzenli sabit bir değerdir. Bulandırma ve kümeleme yöntemlerinin basitçe çarpma ve toplama işlemleridir. Birinci dereceden Sugeno mantığı bu kuralları içerir.

Eğer x girdisi A ve y girdisi B ise, $z = px + qy + r$ *olur.*

Burada, A ve B yukarıda da sözü geçen bulanık kümeler iken, p, q ve r değerlerinin hepsi sabitlerdir. Elemanların yeri girdi verileri ile tanımlanır. Bu sistemin girdi değişimine çok verimli ve aralıksız bir şekilde tepki vermesini sağlar. Daha yüksek derecelerden modellerin geliştirilmesi mümkündür fakat daha karmaşıklardır ve daha düşük dereceden modellere göre daha az avantajları söz konusudur (Jang, 1993).

4.2. ANFIS Yöntemiyle GYFC'lu Harçların Çatlak Genişliklerinin Tahmini

Bu bölümde, öğütülmemiş GYFC ince agregası ile üretilen harçların kısıtlanmış kuruma rötresi çatlak genişliklerinin ANFIS yöntemi kullanılarak tahmin edilmesine çalışılmıştır. Gerekli veri bir önceki bölümde yapılan deneysel çalışmadan elde edilmiştir. İlgili deneysel çalışma yöntemi ve elde edilen sonuçlar bir önceki bölümde verilmiştir. Bu bölümde ise üretilen GYFC ince agregalı harçların yer değiştirme oranları, kuruma süresi ve serbest kuruma rötresi değerleri girdi olarak ve halka deneyinden elde edilen çatlak genişliği değerlerinin çıktı olarak kullanılmasıyla kısıtlanmış kuruma rötresi çatlak genişlikleri tahmin edilmiştir. Daha sonra tahmin edilen sonuçlar ile mevcut deneysel çatlak genişlikleri karşılaştırılmıştır.

ANFIS modelinin geliştirilmesinde GYFC yer değiştirme oranı YO, halka numunelerinin kuruma süresi KS ve serbest kuruma rötresi değerleri SR ile tanımlanmıştır. Bu değerler girdi olarak kullanılmış ve çıktı olarak tahmin edilmeye çalışılan kısıtlanmış kuruma rötresi çatlak genişlikleri ÇG ile ifade edilmiştir. Bu şekilde 456 veri elde edilmiştir. Deney sonuçlarından veriler seçilirken çatlağın oluşmadığı veya çatlak genişliği değerinin 0 olduğu veriler modelin tahmin gücünü arttırmak için çıkartılmıştır. Verilerden 236 tanesi modelin eğitilmesi ve 120 tanesi de modelin test edilmesi için kullanılmıştır. Çatlak oluşumu gözlenen verilerin eğitim ve test verileri olarak ayrılmasında genel anlamda modelin hassasiyeti açısından uygun performans gösterdiği uzmanlarca belirtilen 3:1 oranı tercih edilmiştir. Eğitim verileri Çizelge Ek 1.27'de ve test verileri de Çizelge 1.28'de sunulmuştur. Bu yolla, üç girdi ve bir çıktı değerleri modeli oluşturmak için kullanılmaktadır.

Bununla beraber, Takagi-Sugeno tipi ANFIS model ve grid partition yöntemi bulanık sonuç çıkarma sistemini geliştirmek için kullanılmıştır. Bir sonraki aşamada, hibrid yöntemi ve on adet epok uygulanmıştır. Ancak, iki adet epok modeli eğitmede yeterli olmuştur. Eğitim aşamasında beş tane sabit Gausyan üyelik fonksiyonu kullanılmıştır. Bu seçimlerin nedeni onları kullanarak en iyi sonuçları veren modelin elde edilmesidir. Sub-clustering ve grid partition gibi yöntemlerle Gausyan, sigmoid, üçgensel ve trapezoidal gibi bazı üyelik fonksiyonu türleri değişik parametreler kullanılarak denenmiştir. Sonuç olarak yukarıda sözü geçen seçimlerin en iyi sonuçları verdiği görülmüştür. Bir başka deyişle, farklı değişkenlerle farklı modeller oluşturulmuş, eğitilmiş ve test edilmiştir. Bunlardan en uygun ve iyi sonuçları veren en iyi performansa sahip model olarak seçilerek çalışma sonunda sunulmuştur. Örnek modellerden bazılarının performans karşılaştırması Çizelge Ek 1.28'de verilmiştir.

Sub-clustering yöntemi ile yapılmış bazı modellerde, daha iyi "hatanın ortalama karekökü" (RMSE) ve "mutlak değişim oranı" (R^2) değerleri elde edilmiştir. Ancak, diğer modellerin üyelik fonksiyonları SR girdisi üyelik fonksiyonlarının düzgün dağılmaması nedeniyle uygun görülmemiştir. Bulanık mantık felsefesi açısından seçilen modelin üyelik fonksiyonları tercih edilmiştir. Seçilen 5 tane sabit Gausyan üyelik fonksiyonunda sahip ve grid partition yöntemi kullanılarak geliştirilen model grid1 olarak adlandırılmıştır. Grid1 modelinin şematik gösterimi Şekil 4.2'de sunulmuştur.

Bu şekilde 125 kural oluşturulmuş ve modelin yapısı Şekil 4.3'te gösterilmiştir. YO girdi1 ve KS girdi2 olarak tanımlanmıştır. Bu girdilerin üyelik fonksiyonları düzenli Gausyan davranışı göstermektedir. Öte yandan, SR girdi3 olarak tanımlandıktan bu girdi için düzenli bir Gausyan davranışı göstermediği gözlenmiştir. Bunun nedeninin deneysel çalışmadan da görüldüğü gibi, GYFC ince agregası içeren harçların serbest kuruma rötresinin düzensiz bir şekilde değişime sahip olmasının bir sonucu olduğu düşünülmektedir. Deneysel çalışmaya benzer olarak ANFIS modelindeki SR girdisinin Gausyan üyelik fonksiyonu da düzensiz şekilde değişmektedir. Bir başka deyişle, çok düşük, düşük, orta seviyede, yüksek ve çok yüksek şeklinde sözel atamalar yapılan üyelik fonksiyonları düzenli bir şekilde kesişmemektedir ve değişmemektedir. Buna rağmen, bulanık mantık felsefesine en uygun üyelik fonksiyonları elde edilebilmiştir.

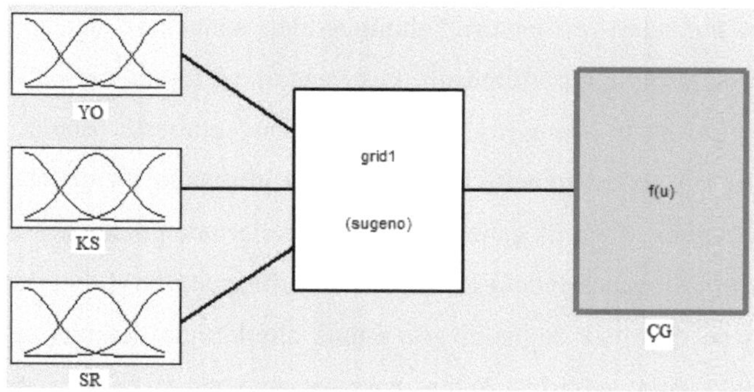

Şekil 4.2. ANFIS modelinin şematik gösterimi.

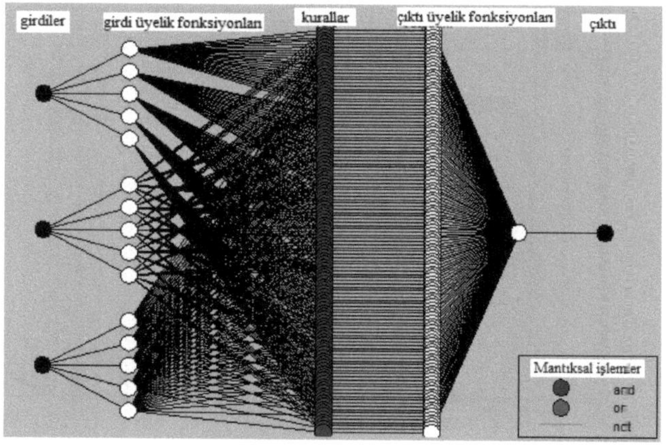

Şekil 4.3. ANFIS modelinin yapısı.

4.3. Model Sonuçlarının Tartışılması

Şekil 4.4'de modelin eğitilmesinde sonra deneysel sonuçlarla tahmin edilen sonuçlar karşılaştırılmıştır. Şekil 4.5'te ise test aşamasındaki deneysel sonuçlar ve tahmin edilen sonuçlar verilmiştir. Tahmin edilen sonuçlarla deneysel sonuçların birbirine çok yakın olduğu görülmüştür. Öte yandan, az sayıda bir kaç veri için hem eğitim hem de test aşamasında birbirlerinden göreceli olarak çok farklı olabilmektedir. Bu veriler genellikler her bir YO girdisinin ilk çatlak oluştuğu KS değerleri için tahmin edilen ilk çatlak genişliği değerlerinde gözlenmektedir. Yani her bir YO girdisinin ilk verilerindeki KS değerleri birbirinden farklıdır. Bunun yanında, SR girdisinin de düzensiz değişimi göz önüne alındığında her bir YO girdisi için tahmin edilen ilk çatlak genişliği değeri deneysel sonuçtan farklı çıkmaktadır. Ancak, diğer KS değerleri veya sonraki veriler için hem eğitim hem de test aşamasında tahmini ve deneysel sonuçlar birbirine giderek yakınlaşmaktadır.

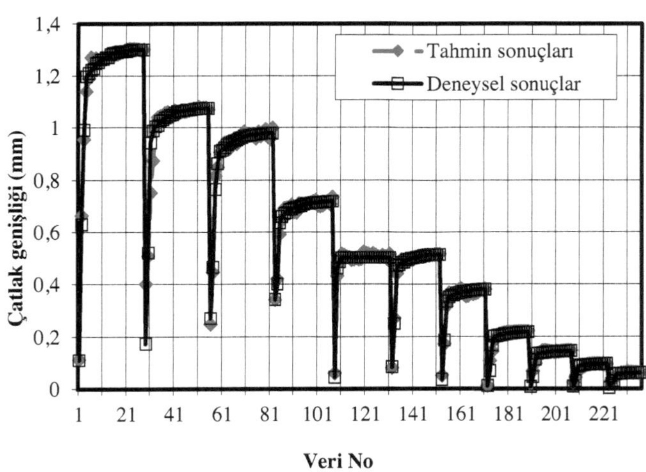

Şekil 4.4. Eğitim sonrasında tahmini ve deneysel sonuçların karşılaştırılması.

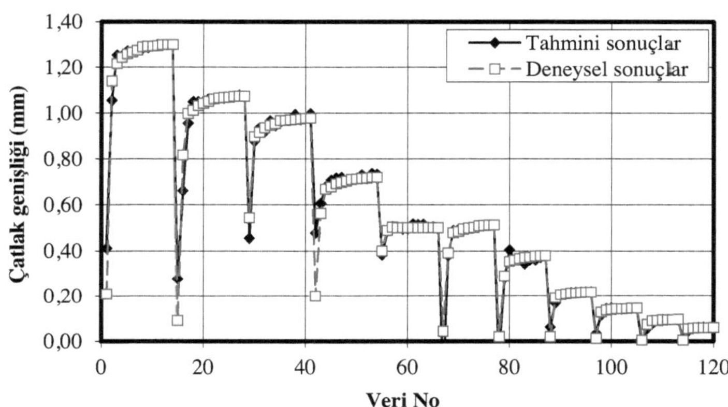

Şekil 4.5. Test sonrasında tahmini ve deneysel sonuçların karşılaştırılması.

Hatta her bir YO girdisinin ilk değeri için sonuçlar birbirinden farklı görünse de daha önceki YO girdilerinin ilk çatlak değerlerinin tahmini edildiği verilere göre daha yakın sonuçlar elde edilmektedir. Bir başka deyişle, model hem eğitim hem de test aşamasında veri sayısı arttıkça ya da daha sonraki veriler için giderek daha iyi sonuçlar vermektedir. Ayrıca, çok az sayıda veri için tahmin edilen değerler eksi çıkmıştır. Bu o veriler için çatlak oluşmadığı anlamına gelmektedir. Yine de bu tür verilerin sayısı tahmini sonuçların deneysel sonuçlara yakın çıktığı veri sayısından özellikle eğitim aşaması olmak üzere her iki aşama için de azdır. Bunun nedeninin her üç girdinin de değişiminin ANFIS modelinin yapısıyla tahmin sonuçları üzerindeki ortak etkileşimi olduğu düşünülmektedir. Ek olarak, eğitim aşamasındaki tahmini ve deneysel sonuçlar arasındaki en büyük fark 0.0565 mm ve bu değer test aşamasında 0.0849 mm olarak elde edilmiştir. Çok az sayıdaki verilerde böyle göreceli olarak yüksek farklar çıkmıştır.

RMSE, R^2 ve "ortalama mutlak hata oranı" (MAPE) değerleri Çizelge Ek 1.29'da verilerek modelin performansını değerlendirmede kullanılmışlardır. Benzer sonuçlar ve açıklamalar model performansları değerlendirildiğinde yapılabilmektedir. Yeniden belirtilmelidir ki, model değişkenleri değişik yöntemleri, farklı türdeki ve sayıdaki üyelik fonksiyonlarını ve denemeleri gerçekleştirdikten sonra seçilmiştir. Performans değerleri hesaplanmış ve kontrol edilmiştir.

Bundan sonra, en iyi çözümlerin ve tahminlerin 5 tane Gausyan üyelik fonksiyonu içeren hibrid yöntemi uygulanmış grid partition yöntemi ile elde edilebileceği görülmüştür. Ancak, yukarıda bahsedilen nedenlere benzer nedenlerden Çizelge Ek 1.29'daki RMSE, R^2 ve MAPE performans değerleri elde edilebilmektedir. Bu değerlerin hesaplanmasında Denklem 4.7, Denklem 4.8 ve Denklem 4.9 kullanılmıştır. Ayrıca, halka deneyinden elde edilen çatlak genişlikleri ile tahmin edilen değerleri birbirine yakındır ve modelin uygun performans gösterdiği söylenebilir.

$$RMSE = \sqrt{\frac{1}{N}\sum_{i=1}^{N}(y_i - \hat{y}_i)^2} \tag{4.7}$$

$$R^2 = \frac{(n\sum t_i o_i - \sum t_i \sum o_i)^2}{(n\sum t_i^2 - (\sum t_i)^2)(n\sum o_i^2 - (\sum o_i)^2)} \tag{4.8}$$

$$MAPE = \frac{1}{n}\left[\frac{\sum_{i=1}^{n}|t_i - o_i|}{\sum_{i=1}^{n} t_i} x100\right] \tag{4.9}$$

Son olarak, test verilerinin çoğunluğu için tahmini ve deneysel sonuçların yakın olduğu söylenebilir. Bu nedenle de, ANFIS en azından 60 gün süren ve ağır kalıplarla gerçekleştirilen yapılması zor halka deneyi yapmadan sadece boy değişimlerini belli bir süre ölçerek GYFC ince agregası içeren harçların kısıtlanmış kuruma rötresinden kaynaklanan çatlak genişliklerinin tahmin edilmesinde kullanılabilmektedir.

Bu durum hem zaman kaybını önlemekte hem de çatlak oluşum olasılığının değerlendirilmesinde kolaylık sağlamaktadır. Ayrıca, tahmin sonuçları bu tür harçların çatlak performansı hakkında önceden bilgi verebilmektedir ve dolayısıyla ANFIS bu tez çalışmasında incelenen diğer yan ürün veya atık agregalarını içeren harç türleri için de çatlak genişliklerinin deney yapılmadan önceden tahmininde kullanılabilir.

Bunun yanında, ANFIS yöntemi ile değişik özeliklerde farklı malzemelerle üretilmiş harç ve beton türlerinde oluşabilecek çatlak genişliklerinin tahmininde kullanılabilen modellerin geliştirilmesi için uyarlanabilmektedir.

Ancak, bu bölümde GYFC içeren harçlar bir uygulama örneği olarak sunulmuştur. Sonuç olarak, ANFIS harçların veya betonların rötre çatlağı performansını ve bununla birlikte rötre çatlaklarının içine sızan su ve yabancı maddeler nedeniyle oluşan dayanıklılık sorunlarını azaltmak için gerekli önlemlerin önceden alınmasını olanaklı kılmaktadır. Böylece, en azından rötre çatlakları için önlem alınarak uzun servis ömrüne sahip dolayısıyla dayanıklı ve çevre dostu harç ve beton ürünlerinin üretilmesine bir başka deyişle sürdürülebilir kalkınmaya katkı sağlayabilir.

Bölüm 5

Sonuçlar ve Öneriler

Bu tez çalışması kapsamında GYFC, TK, KK ve UK ince agregası içeren harçların bazı fiziksel, mekanik ve elastik özelikleri ile kısıtlanmış kuruma rötresi çatlak genişlikleri birlikte değerlendirilmiştir. Çalışmanın sonunda, elde edilen sonuçlar ve yapılan öneriler aşağıdaki gibidir.

- GYFC ince agregası içeren harçlarda ultrasonik ses geçiş hızı, elastisite modülü, basınç ve çekme dayanımları birlikte değerlendirildiğinde en uygun yer değiştirme oranı % 40 civarında çıkmaktadır. Serbest rötre deney sonuçları değerlendirildiğinde ise düzensiz bir değişim gözlenmiştir.

- Halka deneyinden elde edilen çatlak genişlikleri göz önüne alındığında ise % 100 oranında GYFC içeren harçlarda bile CEN standart kumu içeren referans serisine göre daha düşük çatlak genişlikleri değerleri elde edilmiştir. Hatta, çatlak oluşumu ve çatlakların oluşum zamanı GYFC oranı arttıkça azalmıştır. GYFC oranı arttıkça çatlağın gelişim hızının da azaldığı söylenebilir.

- TK içeren harçlarda ise en uygun oranlar % 40 ile % 50 civarında elde edilmektedir. Serbest rötre için düzgün olmayan bir değişim söz konusudur.

- Halka deneyi sonuçları olan çatlak genişlikleri açısından sonuçlar değerlendirildiğinde % 100 TK içeriğine kadar referans seriden daha az genişlikte çatlakların oluştuğu gözlenmiştir. Benzer şekilde, çatlak gelişimi yavaşlamış ve çatlak oluşum zamanları da gecikmiştir.

- KK içeren harçlarda ise dikkat çekici olan çekme dayanımlarının KK içeren tüm serilerde referans seriden yüksek olmaktadır. Ancak, yine diğer ince agrega olarak kullanılan yan ürünler gibi basınç dayanımı açısından % 40 yer değiştirme oranına kadar çimentonun 28 günlük norm dayanımı olan 32 MPa değerinden daha yüksek çıkmaktadır. Elastisite modülü değerleri ise referans seriye göre oldukça düşük çıkmıştır. Bu açıdan, KK yer değiştirme oranı için de en uygun oranın % 40 olduğu söylenebilir.

- Serbest rötre şekil değiştirmeleri değerleri ise yuvarlak taneli yüksek su emme değerine sahip atık KK ince agregasının yer değiştirme oranı arttıkça arttığı görülmüştür. Buna karşın, halka deneyinde elde edilen çatlak genişliği değerleri yüksek çekme dayanımları ve azalan elastisite modülleri ile referans serisine kıyasla azalma göstermektedir. Benzer şekilde, çatlak gelişimi KK oranı arttıkça yavaşlamış ve çatlak oluşum zamanları gecikmiştir.

- UK içeren harçlarda ise basınç dayanımı dikkate alındığında % 50 yer değiştirme oranına kadar çimentonun 28 günlük norm dayanımı olan 32 MPa değeri yakın değer olan 30 MPa değeri elde edilmiştir. Basınç ve çekme dayanımları ile elastisite modülü için en uygun oranın % 50 olduğu görülmüştür.

- Serbest rötre şekil değiştirmeleri değerlendirilirse inceliği ve su emme oranı yüksek UK ince agregasının yer değiştirme oranı arttıkça serbest kuruma rötresinin artmıştır. Buna karşın, halka deneyinde elde edilen çatlak genişliği değerleri % 40 ve 50 UK oranları hariç ya referans serinin değerlerine yakın veya bu değerlerden daha düşük seviyelerde elde edilmiştir. UK yer değiştirme oranı arttıkça çatlak gelişim hızı azalmış ve çatlak oluşum zamanları gecikmiştir.

- Literatürden ve çalışmanın sonuçlarından elde edilen gözlemler birlikte değerlendirildiğinde genel olarak, halka deneyi ile kısıtlanmış kuruma rötresi çatlaklarının oluşma süresinin, gelişim hızının ve genişliklerinin agreganın tane dağılımı, yüzeyinin gözenekli ya da pürüzlü olması, çimento fazı ile aderansı, tane şekli, en büyük tane boyutu, elastisite modülü, basınç dayanımı ve su emme oranı gibi fiziksel ve mekanik özeliklerine bağlı olarak değiştiği görülmüştür.

- Bunun yanında, birlikte kullanıldığı çimento ve kimyasal ya da mineral katkının da serbest rötre ve çatlak genişliği değerlerinin değişimini etkilediği sonucuna varılmıştır. Yüksek su emme oranına sahip agregalar veya üretilen numunenin su gereksinimini arttıran daha ince malzemeler veya daha ince çimento serbest kuruma rötresinin artmasına neden olmaktadır.

- İnce agreganın gözenekli bir yapısı var ise boşluk oranı artmaktadır. Bu boşluk oranının artışının da GYFC ve TK agregalı gibi yan ürün ince agregaları için elde edilen serbest kuruma rötresi davranışına etkisi olduğu düşünülmektedir. Ancak, bu çalışmada değerlendirilmeye çalışılan su emme oranı yüksek yan ürün ve atık ince agrega türleri kullanıldığında, yüksek oranda su azaltıcı süperakışkanlaştırıcı katkının da etkisiyle farklı davranışlar gözlenebilmektedir.

- Çatlak genişlikleri açısından, ince agregalarla üretilen harç numunelerinin düşük dayanımlı olması ve dolayısıyla daha fazla enerji yutma kapasitesine sahip olabilmesi nedeniyle bu yan ürünlerin ince agrega olarak kullanımı kısıtlanmış kuruma rötresi çatlaklarının oluşumuna karşı hassasiyeti azaltmaktadırlar.

- Ayrıca, düşük elastisite modülleri ve yüksek veya yeterli değerlerde çekme dayanımları oluşan iç çekme gerilmelerinin çatlak oluşturma olasılığını azaltmıştır. Bununla birlikte, süperakışkanlaştırıcı ve kullanılan çimentonun söz konusu yan ürün veya atık ince agregalarla kullanımının birlikte olan etkileri sonucu bu ince agregalar için daha önce tartışılan çatlak genişi değişimlerinin elde edildiği serbest kuruma rötreleri ile ilgili yoruma benzer olarak söylenebilir.

- KK agregasının yüzey pürüzlülüğü nedeniyle çekme dayanımının yüksek elastisite modülünün düşük olması, çatlak genişliklerinin referans seriye göre azalmasını sağlamıştır. Ancak, kullanılan katkının etkilerine rağmen yüksek su emme oranı nedeniyle serbest kuruma rötresi de aksine artış göstermiştir.

- Harç numuneleri açısından en önemli özeliklerin çekme dayanımı ve elastisite modülü olduğu sonucuna ulaşılmıştır. Sonuç olarak, kullanılan yan ürün ince agregasının fiziksel, mekanik ve elastik özelikleri ile bu agregaların birlikte kullanıldığı çimento ve katkıların özeliklerinin numune özeliklerine olan etkisi serbest kuruma rötresi ve kuruma rötresi çatlak genişliklerinde etkilidir.

- Bu malzemelerin değişmesi harç özeliklerini değiştirdiği için çatlak oluşumunu da farklı etkilemektedir. Ayrıca, aynı malzemeler kullanılsa bile karışım oranlarının ve su çimento oranı gibi değerlerin değişmesi de literatür taramasında belirtildiği gibi çatlak oluşumunu değiştirir.

- Ancak, bu çalışmada kullanılan sabit karışım oranları ve sabit kür koşulları ile aynı özeliklere sahip malzemeler kullanıldığında bu çalışmada elde edilen davranışlara benzer kuruma rötresi çatlak davranışı elde edilebilir. Yeni tür agregaların kullanımında bu çalışmada kullanılan yan ürünlere benzer özeliklere sahip olsa bile aynı çatlak davranışı gözlenemeyebilir.

- Ayrıca, bu çalışma kapsamında beton numuneleri üretilmemiştir. Beton numuneleri üretiminde kaba agrega kullanıldığı için tane dağılımının ve diğer özelikleri değiştirmesi nedeniyle serbest rötre ve rötre çatlağı değişimini farklı şekilde etkiler. Bu nedenle, farklı türlerdeki harç ve betonların kısıtlanmış kuruma rötre çatlağı davranışları yeni deneyler yapılarak incelenmelidir.

- ANFIS modeli açısından çalışmanın sonuçları değerlendirildiğinde tüm kontrol edilebilen ya da edilemeyen değişkenleri kuruma rötresi çatlaklarının tahmininde dikkate alınması oldukça zordur.

- Bugüne kadar farklı deneysel modeller serbest kuruma rötresinin tahmininde yaygın bir şekilde kullanılmıştır. Ancak çatlak genişliklerinin tahmini ile ilgili herhangi bir ampirik veya istatistik modele rastlanamamıştır.

- Bu çalışmada geliştirilen ANFIS modeli ile halka deneyinde elde edilen çatlak genişliklerinin tahmini kolay ve hassas bir şekilde yapılabilmektedir.

- Sonuç olarak, bu çalışmada GYFC ince agregası içeren harçlarda halka deneyi ile kısıtlama sonucu oluşan kuruma rötresi çatlak genişliklerinin tahmini için yer değiştirme oranı, kuruma süresi ve serbest kuruma rötresi boy değişimi değerlerinin dikkate alınması ile geliştirilen ANFIS modeli, rötre çatlaklarını deney yapılmadan değerlendirmelerinde mühendisler için yararlı olabilir. Böylece, çatlak davranışı daha önceden değerlendirilerek gerekli önlemlerin mühendisler veya uygulayıcılar tarafından alınması kolaylaşmaktadır.

- Ayrıca, sözel olarak ifade edilseler de çevresel koşullar, karışım oranları, farklı tane dağılımındaki veya incelikteki farklı malzemelerin kullanımı vb. girdi değerleri eklenerek oluşturulan daha geniş bir veritabanı ile modelde iyileştirmeler ve geliştirmeler yapılarak model genelleştirilebilir.

- Bunun yanında, bu geliştirilen model yukarıda bahsedilen değişikliklerle çok farklı beton ve harç türleri için uyarlanabilmektedir. Aslında, ANFIS yöntemi ile değişik özeliklere sahip farklı koşullara maruz bırakılmış çok sayıda harç ve beton türü için çatlak tahmini yapabilen farklı modeller geliştirmek olanaklıdır.

- Bu çalışmada önerilen model çalışmada sözü geçen özeliklere sahip GYFC ince agregası ve sözü geçen karışım malzemelerini içeren harç türü için geçerlidir.

- Sürdürülebilir kalkınma bakımından, öğütülmüş atık veya endüstriyel yan ürünlerin mineral katkı olarak kullanımının sera gazı emülsiyonlarını azalttığı, çevre dostu beton üretimini sağladığı ve sıklıkla geleneksel portland çimentolu betona göre daha dayanıklı ekonomik beton üretimini olanaklı kılmaktadır.

- Ancak, bu kullanım şeklinin yaygınlığı bile bu yan ürünlerin depolanma miktarını azaltmak için yeterli değildir. GYFC'nun öğütülerek mineral katkı olarak kullanılması beton özeliklerini iyileştirmesine rağmen öğütülme işlemi üretime ek maliyetler getirmekte ve enerji tüketimini arttırmaktadır.

- Öte yandan, GYFC çimento ve beton endüstrisinde yeni kullanım yöntemlerinin ve özeliklerinin belirlenmesi kullanım miktarını arttırarak beton performansı ve beton endüstrisinin sürdürülebilir kalkınma, küresel ekonomi ile endüstriyel çevre üzerindeki sözü edilen olumlu etkilerini artıracaktır. Bu diğer atıklar ve yan ürünler için de geçerli bir durumdur.

- Bunun için, bu kullanım şekillerinin rötre ve rötre çatlaklarına etkisi gibi diğer özeliklerinin de incelenmesi beton endüstrisi açısından önemli bir konu haline gelmektedir. Bu yüzden, bu tez çalışmasıyla bu tür yan ürünlerin ince agrega olarak kullanımıyla harçların kuruma rötresi çatlaklarıyla ilgili bilgi ve veri sağlanmıştır. Böylece, bu tür yan ürünlerin kullanım koşullarının belirlenmesine, bu yan ürünlerin kullanım miktarının arttırılmasına konu da yeni çalışmaların gerçekleştirilmesine olanak sağlamak amaçlanmıştır.

- Bu çalışmanın sonunda, GYFC, TK, KK, UK, otomobil lastiği agregası, polistiren agregası, daha kaba boyutlardaki kiremit kırığı agregası, geri dönüştürülmüş beton kırığı agregası ve asfalt kırığı agregası gibi ince agregaları içeren harç ve beton türlerinin kuruma rötresi çatlaklarının incelenmesi önerilmektedir. Ayrıca, bu harç ve beton türleri farklı puzolanik mineral katkılar, farklı çimentolar ve kimyasal katkı gibi malzemeler kullanılarak, farklı karışım ve su-çimento oranlarında tasarlanarak daha fazla bilgi elde edilebilir.

- Ayrıca, bu çalışma kapsamında kullanılan ince agrega türlerini harçların kuruma rötresi çatlaklarını da azalttığı belirtilmelidir. Sonuç olarak, bu kullanım türü ile ilgili her çalışma bu tez çalışmasında olduğu gibi doğal kaynakların, çevrenin, ekonominin ve enerjinin korunumunda önemli rol oynamaktadır.

Kaynaklar Dizini

Abbasnia R., Godossi, P., Ahmadi, J., 2005, Prediction of restrained shrinkage based on restraint factors in patching repair mortar, Cement and Concrete Research, 35, 1909-1913.

Akhtaruzzaman, A.A. and Hasnat, A., 1983, Properties of concrete using crushed brick as aggregate, Concrete International. Design Construction, 5, 58-63.

Almudaiheem, J.A., and Hansen, W., 1987, Effect of specimen size and shape on drying shrinkage of concrete, ACI Materials Journal, 84, 130-135.

Almusallam, A.A., 2001, Effect of environmental conditions on the properties of fresh and hardened concrete, Cement and Concrete Composites, 23, 353-361.

Altoubat, S.A., and Lange, D.A., 2001, Creep, shrinkage, and cracking of restrained concrete at early age, ACI Materials Journal, 98, 323-331.

Al Rawi, R.S., and Kheder, G.F., 1990, Control of cracking due to volume change in base-restrained concrete members, ACI Structural Journal, 87, 397-405.

ACI, ACI 209.1R-05: Report on factors affecting shrinkage and creep of hardened concrete, Farmington Hills, USA, 12p.

Appa Rao, G., 2001, Long-term drying shrinkage of mortar-influence of silica fume and size of fine aggregate, Cement and Concrete Research, 31, 171-175.

ASTM, 1999, C157/C157M-99 Standard test method for length change of hardened hydraulic-cement mortar and concrete, West Conshohocken, USA, 1999.

ASTM, 2002a, C348-02 Standard test method for flexural strength of hydraulic-cement mortars, West Conshohocken, USA.

ASTM, 2002b, C349-02 Standard Test method for compressive strength of hydraulic-cement mortars (Using portions of prisms broken in flexure), West Conshohocken, USA.

ASTM, 2002c, C469-02e1 Standard test method for static modulus of elasticity and poisson's ratio of concrete in compression, West Conshohocken, USA.

ASTM, 2007, 1437-07 Standard test method for flow of hydraulic cement mortar, West Conshohocken, USA.

Atiş, C.D., Kiliç, A., Sevim, U.K., 2004, Strength and shrinkage properties of mortar containing a nonstandard high-calcium fly ash, Cement and Concrete Research, 34, 99-102.

Barr, B., Hoseinian, S.B., Beygi, M.A., 2003, Shrinkage of concrete stored in natural environments, Cement and Concrete Composites, 25, 19-29.

Barcelo, L., Moranville, M., Clavaud, B., 2005, Autogenous shrinkage of concrete: a balance between autogenous swelling and self-desiccation, Cement and Concrete Research, 35, 177-183.

Bisschop, J., and van Mier, J.G.M., 2002, How to study drying shrinkage microcracking in cement-based materials using optical and scanning electron microscopy, Cement and Concrete Research, 32, 279-287.

Bissonnette, B., Pierre, P., Pigeon, M., 1999, Influence of key parameters on drying shrinkage of cementitious materials, Cement and Concrete Research, 29, 1655-1662.

Carlson, R.W., and Reading, T.J, 1988, Model study of shrinkage cracking in concrete building walls, ACI Structural Journal, 85, 395-402.

Bloom, R., and Bentur, A., 1992, Free and restrained shrinkage of normal and high-strength concretes, ACI Materials Journal, 92, 211-217.

Carlson, R.W., and Reading, T.J, 1988, Model study of shrinkage cracking in concrete building walls, ACI Structural Journal, 85, 395-402.

Collins, F., and Sanjayan, J.G., 1999, Strength and shrinkage properties of alkali-activated slag concrete containing porous coarse aggregate, Cement and Concrete Research, 29, 607-610.

Collins, F., and Sanjayan, J.G., 2000a, Cracking tendency of alkali-activated slag concrete subjected to restraint shrinkage, Cement and Concrete Research, 30, 791-798.

Collins, F., and Sanjayan, J.G., 2000b, Numerical modeling of alkali-activated slag concrete beams subjected to restrained shrinkage, ACI Materials Journal, 97, 594-602.

del Viso, J.R., Carmona, J.R., Ruiz, G., 2008, Shape and size effects on the compressive strength of high-strength concrete, Cement and Concrete Research, 38, 386-395.

El Hindy, E., Miao, B., Chaallal, O., Aitcin, P-C., 1994, Drying shrinkage of ready-mixed high-performance concrete, ACI Structural Journal, 91, 300-305.

Erdoğan, T.Y., 2003, Beton, ODTÜ Geliştirme Vakfı Yayını, Ankara, 741 s.

Fernandez-Gomez, J., and Landsberger, G.A., 2007, Evaluation of shrinkage prediction models for self-consolidating concrete, ACI Materials Journal, 104, 464-473.

Filho, R.D.T., Ghavami, K., Sanjuan, M.A., England, G.L., 2005, Free, restrained and drying shrinkage of cement mortar composites reinforced with vegetable fibres, Cement and Concrete Composites, 27, 537-546.

Frondistou-Yannas, S., 1977, Waste concrete as aggregate for new concrete, ACI Journal Proceedings, 74, 373-376.

Gardner, N.J., and Zhao, J.W., 1993, Creep and shrinkage revisited, ACI Materials Journal, 90, 236-246.

Gardner, N.J., and Lockman, M.J., 2001, Design provisions for drying shrinkage and creep of normal-strength concrete, ACI Materials Journal, 98, 159-167.

Gesoğlu, M., Özturan, T., Güneyisi, E., 2006, Effects of cold-bonded fly ash aggregate properties on the shrinkage cracking of lightweight concretes, Cement and Concrete Composites, 28, 598-605.

Hall, B.A., 1947, Crack control in portland cement plaster panels, Journal of the American Concrete Institute, 44, 129-140.

Hansen, T.C., 1992, Recycling of demolished concrete and masonry, RILEM Rep.6.E&FN Spon, London.

He, Z., Zhou, X., Li, Z., 2004, New experimental method for studying early-age cracking of cement-based materials, ACI Materials Journal, 101, 50-56.

Hearn, N., 1999, Effect of shrinkage and load-induced cracking on water permeability of concrete, ACI Materials Journal, 96, 234-241.

Holt, E., and Leivo, M., 2004, Cracking risk associated with early age shrinkage, Cement and Concrete Composites, 26, 521-530.

Hossain, A.B., and Weiss, J., 2006, The role of specimen geometry and boundary conditions on stress development and cracking in the restrained ring test, Cement and Concrete Research, 36, 189-199.

Huo, X.S., Al-Omaishi, N., Tadros, M.K., 2001, Creep, shrinkage, and modulus of elasticity of high-performance concrete, ACI Materials Journal, 98, 440-449.

İphar, M., Yavuz, M., Ak, H., 2008, Prediction of ground vibrations resulting from the blasting operations in an open-pit mine by adaptive neuro-fuzzy inference system, Engineering Geology, 56, 97-107.

Jang, R.J.S., 1993, ANFIS: adaptive-network-based fuzzy inference system, IEEE Trans on Sys Man Cyber, 23, 665-685.

Jang, R.J.S., Sun, C.T., Mizutani, E., 1997, Neuro-Fuzzy and soft computing, Upper Saddle River, Prentice-Hall, 450p.

Jiang, Z., Sun, Z., Wang, P., 2005, Autogenous relative humidity change and autogenous shrinkage of high-performance cement pastes, Cement and Concrete Research, 35, 1539-1545.

Kanna, V., Olson, R.A., Jennings, H.M., 1998, Effect of shrinkage and moisture content on the physical characteristics of blended cement mortars, Cement and Concrete Research, 28, 1467-1477.

Kayali, O., Haque, M.N., Zhu, B., 1999, Drying shrinkage of fibre reinforced lightweight aggregate concrete containing fly ash, Cement and Concrete Research, 29, 1835-1840.

Khaloo, A.R., 1994, Properties of concrete using crushed clinker brick as coarse aggregate, ACI Mater. Journal, 91, 2, 401-407.

Lee, K.M., Lee, H.K., Lee, S.H., Kim, G.Y., 2006, Autogenous shrinkage of concrete containing granulated blast-furnace slag, Cement and Concrete Research, 36, 1279-1285.

Li, H., Wee, T.H., Wong, S.F., 2002, Early-age creep and shrinkage of blended cement concrete, ACI Materials Journal, 99, 3-10.

Lim, S.N., and Wee, T.H., 2000, Autogenous shrinkage of ground granulated blast-furnace slag concrete, ACI Materials Journal, 97, 587-593.

Lopez, M., Kahn, L.F., Kurtis, K.E., 2004, Creep and shrinkage of high-performance lightweight concrete, ACI Materials Journal, 101, 391-399.

Lura, P., Pease, B., Mazotta, G.B., Rajabipour, F., Weiss, J., Influence of shrinkage-reducing admixtures on development of plastic shrinkage cracks, ACI Materials Journal, 104, 187-194.

Mackechnie, J.R., 2006, Shrinkage of concrete containing Greywacke sandstone aggregate, ACI Materials Journal, 103, 390-396.

Mazloom, M., Ramezanianpour, A.A., Brooks, J.J., 2004, Effect of silica fume on mechanical properties of high-strength concrete, Cement and Concrete Composites, 26, 347-357.

McCarthy, M.J., and Dhir, R.K., 2005, Development of high volume fly ash cements for use in concrete construction, Fuel, 84, 1423-1432.

McDonald, D.B., and Roper, H., 1993, Accuracy of prediction models for shrinkage of concrete, ACI Materials Journal, 90, 265-271.

Mesbah, H.A., and Buyle-Bodin, F., 1999, Efficiency of polypropylene and metallic fibres on control of shrinkage and cracking of recycled aggregate mortars, Construction and Building Materials, 13, 439-447.

Naaman, A.E., Wongtanakitcharoen, T., Hauser, G., 2005, Influence of different fibers on plastic shrinkage cracking of concrete, ACI Materials Journal, 102, 345-351.

Najm, H., and Balaguru, P., 2002, Effect of large-diameter polymeric fibers on shrinkage cracking of cement composites, ACI Materials Journal, 99, 49-58.

Nejadi, S., and Gilbert, I., 2004, Shrinkage cracking and crack control in restrained reinforced concrete members, ACI Structural Journal, 101, 840-845.

Ojdrovic, R.P., and Zarghamee, M.S., 1996, Concrete creep and shrinkage prediction from short-term tests, ACI Materials Journal, 93, 169-177.

Özkan, Ö., Yüksel, İ., Muratoğlu, Ö., 2007, Strength properties of concrete incorporating coal bottom ash and granulated blast furnace slag, Waste Management, 27, 161-167.

Ravina, D., and Shalon, R., 1968, Plastic shrinkage cracking, ACI Journal, 65, 282-291.

Rouse, J.M., and Billington, S.L., 2007, Creep and shrinkage of high-performance fiber-reinforced cementitious composites, ACI Materials Journal, 104, 129-134.

Saric-Coric, M., and Aitcin, P-C., 2003, Influence of curing conditions on shrinkage of blended cements containing various amounts of slag, ACI Materials Journal, 100, 477-484.

See, H.T., Attiogbe, E.K., Miltenberger, M.A., 2003, Shrinkage cracking characteristics of concrete using ring specimens, ACI Materials Journal, 100, 239-245.

Shah, S.P., Chengsheng, O., Shashidhara, M., Yang, W., Becq-Giraudon, E., 1998, A method to predict shrinkage cracking of concrete, ACI Materials Journal, 95, 339-346.

Shah, S.P., Karaguler, M.E., Sarigaphuti, M., 1992, Effect of shrinkage-reducing admixtures on restrained shrinkage cracking of concrete, ACI Materials Journal, 89, 289-295.

Soroushian, P., and Ravanbakhsh, S., 1998, Control of plastic shrinkage cracking with specialty cellulose fibers, ACI Materials Journal, 95, 429-435.

Swamy, R.N., and Stavrides, H., 1979, Influence of fiber reinforcement on restrained shrinkage and cracking, ACI Journal, 76, 443-460.

Termkhajornkit, P., Nawa, T., Nakai, M., Saito, T., 2005, Effect of fly ash on autogenous shrinkage, Cement and Concrete Research, 35, 473-482.

Topçu, İ.B., 1995, The properties of rubberized concretes, Cement and Concrete Research, 25, 304-310.

Topçu, İ.B., 1997, Assessment of the brittleness index of rubberized concretes, Cement and Concrete Research, 27, 177-183.

Topçu, İ.B., and Avcular, N., 1997a, Analysis of rubberized concrete as a composite material, Cement and Concrete Research, 27, 1135-1139.

Topçu, İ.B., and Avcular, N., 1997b, Collision behaviours of rubberized concrete, Cement and Concrete Research, 27, 1893-1898.

Topçu, İ.B., 2006, Yapı malzemeleri ve beton, 502s.

Topçu, İ.B., and Sarıdemir, M., 2007, Prediction of waste AAC aggregate concrete properties using artificial neural network and fuzzy logic, Computational Materials Science, 41, 117-125.

Topçu, İ.,B., and Sarıdemir, M., 2008, Prediction of rubberized concrete properties using artificial neural network and fuzzy logic, Construction and Building Materials, 22, 532-540.

Torrenti, J.M., Granger, L., Diruy, M., Genin, P., 1999, Modeling concrete shrinkage under variable ambient conditions, ACI Materials Journal, 96, 35-39.

TSE, 2002a, TS EN 197-1 Turkish standard for cement—part 1: compositions and conformity criteria for common cements, Ankara, Turkey.

TSE, 2002b, TS EN 196-1 Turkish standard for methods of testing cement-part 1: determination of strength, Ankara, Turkey.

Turatsinze, A., Bonnet, S., Granju, J.-L., 2007, Potential of rubber aggregates to modify properties of cement based-mortars: Improvement in cracking shrinkage resistance, Construction and Building Materials, 21, 176-181.

Wang, K., Surendra, P.S., Phuaksuk, P., 2001, Plastic shrinkage in concrete materials-Influence of fly ash and fibers, ACI Materials Journal, 98, 458-464.

Voigt, T., Bui, V.K., Shah, P.S., 2004, Drying shrinkage of concrete reinforced with fibers and welded-wire fabric, ACI Materials Journal, 101, 233-241.

Yang, Y., Sato, R., Kawai, K., 2005, Autogenous shrinkage of high-strength concrete containing silica fume under drying at early ages, Cement and Concrete Research, 35, 449-456.

Yuan, Y., and Wan, Z.L., 2002, Prediction of cracking within early-age concrete due to thermal, drying and creep behavior, Cement and Concrete Research, 32, 1053-1059.

Yüksel, İ., Özkan, Ö., Bilir, T., 2006, Usage of granulated blast-furnace slag as fine aggregate in concrete, ACI Materials Journal, 103, 203-208.

Yüksel, İ., and Bilir, T., 2007, Usage of industrial by-products to produce plain concrete elements, Construction and Building Materials, 21, 686-694.

Yüksel, İ., Bilir, T., Özkan, Ö., 2007, Durability of concrete incorporating non-ground blast furnace slag and bottom ash as fine aggregate, Building and Environment, 42, 2651-2659.

Zhang, M-H., Li, L., Paramasivam, P., 2005, Shrinkage of high-strength lightweight aggregate concrete exposed to dry environment, ACI Materials Journal, 102, 86-92.

Ziad, B., and Mclntyre, M., 2002, Application of fibrillated polypropylene fibers for retsraint of plastic shrinkage cracking in silica fume concrete, ACI Materials Journal, 99, 337-344.

Ekler

Ek.1.

Çizelgeler

Çizelge Ek 1.1. Deneyde kullanılan CEM II/B-M 32.5 çimentosunun özelikleri

Kimyasal Bileşim, %		Fiziksel Özelikler	
SiO_2	31.53	Özgül Ağırlık	2.85
Al_2O_3	7.06	Özgül Yüzey Alanı, cm^2/g	3574
Fe_2O_3	3.29	**Mekanik Özelikler**	
CaO	48.89	2 Günlük Basınç Dayanımı, MPa	12.8
MgO	1.46	7 Günlük Basınç Dayanımı, MPa	26.9
SO_3	2.01	28 Günlük Basınç Dayanımı, MPa	39.5
Serbest Cl^-	0.27		
Kızdırma kaybı	4.55		

Çizelge Ek 1.2. Kullanılan şebeke suyunun kimyasal analizi

Parametre	**Değerler**
Ph	6.85
Kalsiyum $(Ca)^{++}$	58 mg/l
Magnezyum $(Mg)^{++}$	83 mg/l
Klorür $(Cl)^-$	46 mg/l
Sülfat $(SO_4)^{--}$	45 mg/l
Buharlaşma bakiyesi	434 mg/l

Çizelge Ek 1.3. Kullanılan katkı maddesinin özelikleri

Tipi	**Yüksek oranda su azaltıcı süperakışkanlaştırıcı**
Standart	TS EN 934-2
Esası	Modifiye polikarboksilat
Renk	Amber
Yoğunluk (20 °C)	1.08-1.10 g/cm^3
Klor % (EN 480-10)	< 0.1

Toplam Alkali Miktarı (Na_2O eşdeğeri) (EN 480-12)	En büyük 1
Üniformite	Homojen

Çizelge Ek 1.4. Kullanılan CEN Standart Kumunun olması gereken elek analizi

Elek gözü açıklığı (mm)	**Yığışımlı elek üzerinde kalan miktar (%)**
2	0
1.6	7±5
1	33±5
0.5	67±5
0.16	87±5
0.08	99±1

Çizelge Ek 1.5. GYFC ve CEN standart kumunun bazı özelikleri

Kimyasal bileşen (%)	**GYFC**	**Fiziksel özelikler**	**Birim**	**GYFC**	**CEN kumu**
SiO_2	35.09	Gevşek birim ağırlık	kg/m^3	1052	-
Al_2O_3	17.54	Sıkıştırılmış birim ağırlık	kg/m^3	1236	-
Fe_2O_3	0.70	Özgül ağırlık		2.08	-
CaO	37.79	Su emme oranı	%	10	<0.2
MgO	5.50	Organik madde	Renk	Açık sarı	-
SO_3	0.66	Yanıcı madde	%	9.4	-
MnO	0.83	Hafif parçacıklar	%	3	-
TiO_2	0.68				
P_2O_3	0.37				
K_2O	0.60				
Na_2O	0.30				

Çizelge Ek 1.6. GYFC ve CEN standart kumunun tane dağılımları

GYFC		CEN kumu	
Elek açıklığı (mm)	**Yığışımlı elek üstünde kalan (%)**	**Elek açıklığı (mm)**	**Yığışımlı elek üstünde kalan (%)**
4	21.2	2	0
2	79.4	1.6	7±5
1	98.4	1	33±5
0.5	99.9	0.5	67±5
0.25	100	0.16	87±5
0.125	100	0.08	99±1

Çizelge Ek 1.7. GYFC içeren harçların yayılma çapları

GYFC oranı (%)	Yayılma çapı (mm)
0	19.7
10	19.6
20	19.6
30	19.4
40	19.5
50	19.3
60	19.3
70	19.1
80	19.0
90	19.0
100	19.1

Çizelge Ek 1.8. GYFC'li 28 günlük harç numunelerinin eğilmede çekme dayanımları

GYFC yer değiştirme oranı (%)	28 günlük eğilmede çekme dayanımları (MPa)		
0	5.48	5.33	5.42
		5.41	
10	5.00	5.20	5.10

	5.10		
20	4.43	4.87	4.65
	4.65		
30	5.51	4.90	5.19
	5.20		
40	5.24	5.57	5.39
	5.40		
50	4.38	4.46	4.42
	4.42		
60	3.87	3.36	3.60
	3.61		
70	3.14	4.62	3.90
	3.88		
80	3.50	3.37	3.42
	3.43		
90	3.29	3.38	3.35
	3.34		
100	3.20	3.18	3.20
	3.19		

Çizelge Ek 1.9. Harç serilerinin GYFC içeriğine göre basınç dayanımı değerleri

GYFC yer değiştirme oranı (%)	**Basınç dayanımı (MPa)**					
	Numune no					
	1	**2**	**3**	**4**	**5**	**6**
0	41.06	40.38	39.25	40.38	41.24	39.32
10	37.63	37.25	36.75	38.50	39.21	35.85
20	30.25	28.56	42.00	27.88	35.64	28.70
30	44.44	43.69	33.88	33.56	30.52	47.26
40	37.44	42.50	42.88	44.56	42.34	41.35
50	26.25	25.63	32.88	33.88	30.56	28.75
60	22.19	21.13	23.44	23.63	21.28	23.91
70	29.31	26.44	34.06	31.63	28.45	32.27
80	25.50	24.44	31.13	28.25	27.93	26.73
90	23.38	22.50	26.69	23.19	25.17	22.71
100	21.38	21.00	22.06	21.38	20.31	22.60

Çizelge Ek 1.10. Harç serilerinin GYFC içeriğine göre serbest kuruma rötresi değerleri

Kur. Sür. (gün)	GYFC yer değiştirme oranı (%)										
	0	10	20	30	40	50	60	70	80	90	100
	Kuruma serbest rötresi (10^{-6})										
1	105.26	235.09	73.68	277.19	428.07	105.26	357.89	266.67	305.26	249.12	265.42
2	221.05	470.18	800.00	547.37	645.61	168.42	607.02	452.63	589.47	519.30	587.21
3	417.54	684.21	926.32	887.72	964.91	214.04	831.58	824.56	852.63	743.86	752.34
4	603.51	803.51	975.44	926.32	943.86	242.11	887.72	859.65	908.77	842.11	909.74
5	782.46	954.39	1392.98	957.89	971.93	291.23	926.32	1378.95	1266.67	1375.44	1384.23
6	908.77	1028.07	1343.86	1000.00	996.49	329.82	957.89	1617.54	1596.49	1757.89	1802.42
7	1000.00	1424.56	1494.74	1055.45	1072.71	335.63	1032.57	1452.36	1437.84	1758.02	1810.76
8	1084.21	1578.95	1599.78	1089.63	1081.27	342.25	1051.65	1558.26	1542.68	1696.95	1747.85
9	1157.89	1712.28	1735.50	1108.96	1098.96	395.25	1058.59	1669.32	1652.63	1817.89	1872.43
10	1263.16	1701.75	1816.45	1135.84	1165.42	452.36	1135.47	1679.21	1662.42	1828.66	1883.52
11	1392.98	1866.67	1935.14	1184.27	1198.53	492.58	1154.65	1582.53	1566.70	1723.38	1775.08
12	1561.40	1842.11	1945.82	1202.75	1217.45	538.69	1189.54	1699.36	1682.37	1850.60	1906.12
13	1750.88	1905.26	1975.66	1227.51	1220.45	598.35	1195.84	1625.38	1609.13	1770.04	1823.14
14	1768.42	1982.46	2023.45	1267.24	1297.24	645.75	1268.95	1768.96	1751.27	1926.40	1984.19
15	1863.16	2112.28	2155.34	1298.24	1298.24	685.37	1271.25	1796.35	1778.39	1956.23	2014.91
16	1950.88	2196.49	2209.42	1324.12	1385.32	725.34	1298.90	1796.25	1778.29	1956.12	2014.80
17	1915.79	2670.18	2862.21	1365.32	1421.52	735.36	1336.58	1868.95	1850.26	2035.29	2096.35
18	2049.12	2417.54	2541.25	1395.70	1465.82	755.69	1368.95	1897.38	1878.41	2066.25	2128.23
19	2094.74	2540.35	2621.34	1436.48	1465.95	795.72	1372.58	1925.34	1906.09	2096.70	2159.60
20	2140.35	2652.63	2689.74	1563.45	1625.35	805.67	1524.78	1955.68	1936.12	2129.74	2193.63
21	2182.46	2705.26	2752.14	1562.41	1685.24	810.42	1545.85	1975.86	1956.10	2151.71	2216.26
22	2294.74	2733.33	2795.31	1524.57	1695.32	835.36	1565.32	2041.28	2020.87	2222.95	2289.64
23	2340.35	2796.49	2765.37	1532.47	1732.34	845.95	1598.85	2084.35	2063.51	2269.86	2337.95
24	2361.40	2789.47	2950.23	1589.47	1768.35	865.32	1635.09	2158.92	2137.33	2351.06	2421.60
25	2408.07	2835.09	3150.21	1601.37	1809.30	895.47	1685.42	2195.34	2173.39	2390.73	2462.45
26	2410.53	2908.77	3160.21	1545.23	1865.32	906.35	1742.38	2199.36	2177.37	2395.10	2466.96
27	2445.61	2859.65	3171.85	1614.53	1869.32	907.53	1743.98	2234.29	2211.95	2433.14	2506.14
28	2533.33	2884.21	3170.95	1618.24	1893.87	908.65	1763.85	2464.70	2440.05	2684.06	2764.58
29	2554.39	2912.28	3180.16	1627.52	1901.25	909.86	1773.65	2467.85	2443.17	2687.49	2768.11
30	2550.88	2943.86	3185.24	1652.31	1982.65	911.35	1865.24	2469.35	2444.66	2689.12	2769.80
31	2600.00	2954.39	3254.25	1682.45	2052.95	918.68	1896.52	2470.10	2445.40	2689.94	2770.64
32	2568.42	2961.40	3421.12	1752.30	2147.36	919.24	1899.32	2479.31	2454.52	2699.97	2780.97
33	2628.07	2961.40	3458.90	1792.36	2234.95	921.36	1953.45	2481.36	2456.55	2702.20	2783.27
34	2691.23	2968.42	3879.58	1865.32	2321.25	935.36	1982.36	2482.34	2457.52	2703.27	2784.37
35	2663.16	3003.51	3877.45	1932.45	2334.65	937.85	2013.54	2482.36	2457.54	2703.29	2784.39
36	2659.65	3021.05	3754.23	1923.54	2445.24	941.26	2119.30	2492.38	2467.46	2714.20	2795.63
37	2649.12	3052.63	3654.27	1952.47	2431.95	942.58	2139.32	2496.28	2471.32	2718.45	2800.01
38	2719.30	3049.12	3685.47	2024.63	2440.21	948.69	2145.23	2501.20	2476.19	2723.81	2805.52

39	2698.25	3056.14	3701.24	2025.61	2435.63	963.58	2252.57	2503.60	2478.56	2726.42	2808.21
40	2733.33	3094.74	3715.32	2030.42	2456.32	935.86	2260.32	2502.96	2477.93	2725.72	2807.50
41	2729.82	3112.28	3734.21	2034.73	2455.98	975.68	2265.34	2503.68	2478.64	2726.51	2808.30
42	2754.39	3129.82	3795.62	2038.25	2465.00	985.24	2264.27	2503.57	2478.53	2726.39	2808.18
43	2754.39	3126.32	3768.91	2042.41	2402.35	998.63	2263.54	2503.74	2478.70	2726.57	2808.37
44	2796.49	3126.32	3770.21	2046.82	2425.89	1002.35	2289.68	2503.96	2478.92	2726.81	2808.62
45	2778.95	3154.39	3775.42	2050.34	2439.21	1000.25	2285.32	2504.96	2479.91	2727.90	2809.74
46	2810.53	3178.95	3779.84	2062.34	2456.34	1001.85	2352.36	2505.82	2480.76	2728.84	2810.70
47	2831.58	3189.47	3780.12	2072.12	2465.34	1025.36	2436.59	2505.92	2480.86	2728.95	2810.82
48	2842.11	3196.49	3775.41	2083.45	2482.32	1021.58	2432.36	2506.00	2480.94	2729.03	2810.91
49	2842.11	3238.60	3752.14	2098.32	2466.85	1020.35	2445.68	2506.03	2480.97	2729.07	2810.94
50	2859.65	3245.61	3812.45	2115.24	2472.69	1020.01	2443.24	2508.21	2483.13	2731.44	2813.38
51	2880.70	3249.12	3792.52	2234.12	2485.42	1017.00	2436.52	2508.45	2483.37	2731.70	2813.65
52	2859.65	3294.74	3765.45	2258.32	2498.35	1014.65	2468.32	2509.24	2484.15	2732.56	2814.54
53	2859.65	3329.82	3772.40	2255.98	2500.00	1022.36	2485.36	2510.05	2484.95	2733.44	2815.45
54	2898.25	3435.09	3789.41	2288.35	2501.34	1025.37	2488.57	2511.95	2486.83	2735.51	2817.58
55	2880.70	3417.54	3798.21	2292.31	2487.53	1024.78	2489.63	2515.36	2490.21	2739.23	2821.40
56	2887.72	3529.82	3774.43	2281.85	2495.80	1025.10	2501.23	2516.48	2491.32	2740.45	2822.66
57	2905.26	3543.86	3752.25	2302.45	2496.35	1025.00	2503.24	2518.63	2493.44	2742.79	2825.07
58	2863.16	3578.95	3742.30	2315.24	2513.21	1024.98	2512.36	2518.72	2493.53	2742.89	2825.17
59	2915.79	3557.89	3798.24	2300.42	2500.35	1028.35	2519.25	2519.75	2494.55	2744.01	2826.33
60	2926.32	3501.75	3798.35	2302.45	2475.38	1029.20	2526.42	2520.31	2496.25	2745.88	2828.25

Çizelge Ek 1.11. Harç serilerinin GYFC içeriğine göre çatlak genişlikleri

Kuruma süresi (gün)	**GYFC yer değiştirme oranı (%)**										
	0	**10**	**20**	**30**	**40**	**50**	**60**	**70**	**80**	**90**	**100**
	Çatlak genişliği (mm)										
1	0.0000	0.0000	0.0000	0.0000	0.0000	0.0000	0.0000	0.0000	0.0000	0.0000	0.0000
2	0.0000	0.0000	0.0000	0.0000	0.0000	0.0000	0.0000	0.0000	0.0000	0.0000	0.0000
3	0.0000	0.0000	0.0000	0.0000	0.0000	0.0000	0.0000	0.0000	0.0000	0.0000	0.0000
4	0.0000	0.0000	0.0000	0.0000	0.0000	0.0000	0.0000	0.0000	0.0000	0.0000	0.0000
5	0.0000	0.0000	0.0000	0.0000	0.0000	0.0000	0.0000	0.0000	0.0000	0.0000	0.0000
6	0.0000	0.0000	0.0000	0.0000	0.0000	0.0000	0.0000	0.0000	0.0000	0.0000	0.0000
7	0.0000	0.0000	0.0000	0.0000	0.0000	0.0000	0.0000	0.0000	0.0000	0.0000	0.0000
8	0.0000	0.0000	0.0000	0.0000	0.0000	0.0000	0.0000	0.0000	0.0000	0.0000	0.0000
9	0.0000	0.0000	0.0000	0.0000	0.0000	0.0000	0.0000	0.0000	0.0000	0.0000	0.0000
10	0.0000	0.0000	0.0000	0.0000	0.0000	0.0000	0.0000	0.0000	0.0000	0.0000	0.0000
11	0.0000	0.0000	0.0000	0.0000	0.0000	0.0000	0.0000	0.0000	0.0000	0.0000	0.0000
12	0.0000	0.0000	0.0000	0.0000	0.0000	0.0000	0.0000	0.0000	0.0000	0.0000	0.0000
13	0.0000	0.0000	0.0000	0.0000	0.0000	0.0000	0.0000	0.0000	0.0000	0.0000	0.0000
14	0.0000	0.0000	0.0000	0.0000	0.0000	0.0000	0.0000	0.0000	0.0000	0.0000	0.0000

15	0.0000	0.0000	0.0000	0.0000	0.0000	0.0000	0.0000	0.0000	0.0000	0.0000	0.0000
16	0.0000	0.0000	0.0000	0.0000	0.0000	0.0000	0.0000	0.0000	0.0000	0.0000	0.0000
17	0.0000	0.0000	0.0000	0.0000	0.0000	0.0000	0.0000	0.0000	0.0000	0.0000	0.0000
18	0.0000	0.0000	0.0000	0.0000	0.0000	0.0000	0.0000	0.0000	0.0000	0.0000	0.0000
19	0.1100	0.0000	0.0000	0.0000	0.0000	0.0000	0.0000	0.0000	0.0000	0.0000	0.0000
20	0.2100	0.0908	0.0000	0.0000	0.0000	0.0000	0.0000	0.0000	0.0000	0.0000	0.0000
21	0.6300	0.1733	0.2707	0.0000	0.0000	0.0000	0.0000	0.0000	0.0000	0.0000	0.0000
22	0.9900	0.5198	0.4650	0.0000	0.0000	0.0000	0.0000	0.0000	0.0000	0.0000	0.0000
23	1.1400	0.8168	0.5449	0.1989	0.0000	0.0000	0.0000	0.0000	0.0000	0.0000	0.0000
24	1.1967	0.9405	0.7655	0.3418	0.0000	0.0000	0.0000	0.0000	0.0000	0.0000	0.0000
25	1.2100	0.9873	0.8615	0.4005	0.0441	0.0000	0.0000	0.0000	0.0000	0.0000	0.0000
26	1.2167	0.9983	0.8984	0.5627	0.4010	0.0000	0.0000	0.0000	0.0000	0.0000	0.0000
27	1.2213	1.0038	0.9084	0.6352	0.4617	0.0000	0.0000	0.0000	0.0000	0.0000	0.0000
28	1.2267	1.0076	0.9134	0.6603	0.4847	0.0000	0.0000	0.0000	0.0000	0.0000	0.0000
29	1.2433	1.0120	0.9169	0.6677	0.4901	0.0436	0.0000	0.0000	0.0000	0.0000	0.0000
30	1.2483	1.0258	0.9209	0.6714	0.5002	0.0832	0.0000	0.0000	0.0000	0.0000	0.0000
31	1.2517	1.0300	0.9335	0.6739	0.5021	0.2497	0.0000	0.0000	0.0000	0.0000	0.0000
32	1.2583	1.0328	0.9373	0.6769	0.5043	0.3923	0.0206	0.0000	0.0000	0.0000	0.0000
33	1.2617	1.0384	0.9399	0.6861	0.5012	0.4706	0.0353	0.0000	0.0000	0.0000	0.0000
34	1.2633	1.0415	0.9450	0.6889	0.5012	0.4742	0.1852	0.0118	0.0078	0.0000	0.0000
35	1.2667	1.0431	0.9477	0.6908	0.5012	0.4795	0.2911	0.0202	0.0134	0.0000	0.0000
36	1.2690	1.0467	0.9492	0.6946	0.5012	0.4822	0.3352	0.0672	0.0448	0.0000	0.0000
37	1.2700	1.0493	0.9525	0.6966	0.5012	0.4840	0.3518	0.1663	0.1109	0.0000	0.0000
38	1.2750	1.0511	0.9549	0.6977	0.5012	0.4861	0.3557	0.1915	0.1277	0.0052	0.0000
39	1.2817	1.0563	0.9565	0.7001	0.5012	0.4927	0.3577	0.2010	0.1340	0.0089	0.0000
40	1.2867	1.0634	0.9612	0.7018	0.5012	0.4947	0.3591	0.2033	0.1355	0.0296	0.0033
41	1.2883	1.0617	0.9677	0.7031	0.5012	0.4960	0.3606	0.2044	0.1363	0.0733	0.0056
42	1.2890	1.0633	0.9661	0.7065	0.5012	0.4987	0.3655	0.2052	0.1368	0.0844	0.0188
43	1.2900	1.0648	0.9676	0.7113	0.5012	0.5000	0.3670	0.2061	0.1374	0.0886	0.0291
44	1.2913	1.0658	0.9690	0.7101	0.5012	0.5006	0.3680	0.2089	0.1393	0.0895	0.0536
45	1.2920	1.0661	0.9699	0.7112	0.5012	0.5020	0.3700	0.2097	0.1398	0.0900	0.0562
46	1.2923	1.0679	0.9702	0.7122	0.5012	0.5029	0.3709	0.2103	0.1402	0.0904	0.0569
47	1.2933	1.0682	0.9718	0.7129	0.5012	0.5033	0.3714	0.2114	0.1409	0.0908	0.0572
48	1.2937	1.0691	0.9721	0.7131	0.5012	0.5053	0.3724	0.2120	0.1413	0.0920	0.0574
49	1.2943	1.0694	0.9729	0.7143	0.5012	0.5079	0.3731	0.2122	0.1415	0.0924	0.0577
50	1.2950	1.0700	0.9732	0.7145	0.5012	0.5099	0.3734	0.2128	0.1419	0.0926	0.0584
51	1.2977	1.0705	0.9737	0.7151	0.5012	0.5106	0.3749	0.2132	0.1421	0.0931	0.0587
52	1.2990	1.0727	0.9742	0.7153	0.5012	0.5108	0.3768	0.2134	0.1422	0.0934	0.0588
53	1.2993	1.0738	0.9762	0.7156	0.5012	0.5112	0.3783	0.2142	0.1428	0.0935	0.0591
54	1.2997	1.0741	0.9772	0.7160	0.5012	0.5117	0.3788	0.2153	0.1435	0.0937	0.0593

55	1.2997	1.0744	0.9774	0.7175	0.5012	0.5120	0.3790	0.2162	0.1441	0.0939	0.0594
56	1.2997	1.0744	0.9777	0.7182	0.5012	0.5121	0.3793	0.2164	0.1443	0.0940	0.0595
57	1.2997	1.0744	0.9777	0.7184	0.5012	0.5125	0.3797	0.2166	0.1444	0.0944	0.0596
58	1.2997	1.0744	0.9777	0.7186	0.5012	0.5127	0.3798	0.2167	0.1445	0.0948	0.0597
59	1.2997	1.0744	0.9777	0.7186	0.5012	0.5129	0.3799	0.2169	0.1446	0.0952	0.0599
60	1.2997	1.0744	0.9777	0.7186	0.5012	0.5132	0.3802	0.2171	0.1447	0.0953	0.0602

Çizelge Ek 1.12. TK ve CEN standart kumunun bazı özelikleri

Kimyasal bileşen (%)	**TK**	**Fiziksel özelikler**	**Birim**	**TK**	**CEN kumu**
SiO_2	57.90	Gevşek birim ağırlık	kg/m^3	620	-
Al_2O_3	22.60	Sıkıştırılmış birim ağırlık	kg/m^3	660	-
Fe_2O_3	6.50	Özgül ağırlık		1.39	-
CaO	2.00	Su emme oranı	%	12.10	<0.2
MgO	3.20	Organik madde	Renk	Açık sarı	-
SO_3	0.604	Yanıcı madde	%	2.40	-
MnO	0.086	Hafif parçacıklar	%	7.00	-
TiO_2	57.90				
P_2O_3	22.60				
K_2O	6.50				
Na_2O	2.00				

Çizelge Ek 1.13. TK içeren 28 günlük harç numunelerinin eğilmede çekme dayanımları

TK yer değiştirme oranı (%)	**28 günlük eğilmede çekme dayanımları (MPa)**		
0	5.25	4.89	6.09
	5.41		
10	4.35	4.53	4.77
	4.55		
20	5.89	6.01	6.37
	6.09		

30	4.75	4.45	4.72
		4.64	
40	4.96	4.47	5.03
		4.82	
50	4.07	3.82	3.93
		3.94	
60	2.97	3.45	3.24
		3.22	
70	3.78	3.02	3.58
		3.46	
80	2.75	3.22	3.21
		3.06	
90	2.85	2.92	3.17
		2.98	
100	2.95	3.01	2.59
		2.85	

Çizelge Ek 1.14. Harç serilerinin TK içeriğine göre basınç dayanımı değerleri

TK yer değiştirme oranı (%)	**Basınç dayanımı (MPa)**					
	Numune no					
	1	**2**	**3**	**4**	**5**	**6**
0	40.14	40.45	38.04	42.27	40.06	40.63
10	37.74	37.25	37.75	34.61	33.75	31.60
20	30.25	29.56	35.82	27.65	29.47	28.95
30	39.38	41.24	36.08	31.53	35.81	35.95
40	34.21	35.60	42.88	37.23	28.44	30.38
50	26.96	25.94	31.25	34.47	30.60	31.51
60	20.45	19.14	20.58	20.28	20.19	19.43
70	25.34	23.15	30.43	23.42	20.52	23.29
80	23.60	21.75	28.39	28.25	25.50	24.44
90	22.06	22.15	22.45	19.26	20.34	21.24
100	17.97	19.25	16.42	20.25	15.68	20.95

Çizelge Ek 1.15. Harç serilerinin TK içeriğine göre serbest kuruma rötresi değerleri

Kur. Sür. (gün)	TK yer değiştirme oranı (%)										
	0	10	20	30	40	50	60	70	80	90	100
	Kuruma serbest rötresi (10^{-6})										
1	2634.74	2600.35	1240.53	649.82	1582.28	1770.53	1443.68	1583.51	1511.05	1529.12	265.42
2	2733.16	2800.18	1857.89	879.47	1767.19	1824.21	1655.44	1741.58	1752.63	1758.77	587.21
3	2900.18	2982.11	1965.26	1168.77	2038.60	1862.98	1846.32	2057.72	1976.32	1949.65	752.34
4	3058.25	3083.51	2007.02	1201.58	2020.70	1886.84	1894.04	2087.54	2024.04	2033.16	909.74
5	3210.35	3211.75	2361.93	1228.42	2044.56	1928.60	1926.84	2528.95	2328.25	2486.49	1384.23
6	3317.72	3274.39	2320.18	1264.21	2065.44	1961.40	1953.68	2731.75	2608.60	2811.58	1802.42
7	3395.26	3611.40	1494.74	1055.45	1072.71	335.63	1032.57	1452.36	1437.84	1758.02	1810.76
8	3466.84	3742.63	1599.78	1089.63	1081.27	342.25	1051.65	1558.26	1542.68	1696.95	1747.85
9	3529.47	3855.96	1735.50	1108.96	1098.96	395.25	1058.59	1669.32	1652.63	1817.89	1872.43
10	3618.95	3847.02	1816.45	1135.84	1165.42	452.36	1135.47	1679.21	1662.42	1828.66	1883.52
11	3729.30	3987.19	1935.14	1184.27	1198.53	492.58	1154.65	1582.53	1566.70	1723.38	1775.08
12	3872.46	3966.32	1945.82	1202.75	1217.45	538.69	1189.54	1699.36	1682.37	1850.60	1906.12
13	4033.51	4020.00	1975.66	1227.51	1220.45	598.35	1195.84	1625.38	1609.13	1770.04	1823.14
14	4048.42	4085.61	2023.45	1267.24	1297.24	645.75	1268.95	1768.96	1751.27	1926.40	1984.19
15	4128.95	4195.96	2155.34	1298.24	1298.24	685.37	1271.25	1796.35	1778.39	1956.23	2014.91
16	4203.51	4267.54	2209.42	1324.12	1385.32	725.34	1298.90	1796.25	1778.29	1956.12	2014.80
17	4173.68	4670.18	2862.21	1365.32	1421.52	735.36	1336.58	1868.95	1850.26	2035.29	2096.35
18	4287.02	4455.44	2541.25	1395.70	1465.82	755.69	1368.95	1897.38	1878.41	2066.25	2128.23
19	4325.79	4559.82	2621.34	1436.48	1465.95	795.72	1372.58	1925.34	1906.09	2096.70	2159.60
20	4364.56	4655.26	2689.74	1563.45	1625.35	805.67	1524.78	1955.68	1936.12	2129.74	2193.63
21	4400.35	4700.00	2752.14	1562.41	1685.24	810.42	1545.85	1975.86	1956.10	2151.71	2216.26
22	4495.79	4723.86	2795.31	1524.57	1695.32	835.36	1565.32	2041.28	2020.87	2222.95	2289.64
23	4534.56	4777.54	2765.37	1532.47	1732.34	845.95	1598.85	2084.35	2063.51	2269.86	2337.95
24	4552.46	4771.58	2950.23	1589.47	1768.35	865.32	1635.09	2158.92	2137.33	2351.06	2421.60
25	4592.12	4810.35	3150.21	1601.37	1809.30	895.47	1685.42	2195.34	2173.39	2390.73	2462.45
26	4594.21	4872.98	3160.21	1545.23	1865.32	906.35	1742.38	2199.36	2177.37	2395.10	2466.96
27	4624.04	4831.23	3171.85	1614.53	1869.32	907.53	1743.98	2234.29	2211.95	2433.14	2506.14
28	4698.60	4852.11	3170.95	1618.24	1893.87	908.65	1763.85	2464.70	2440.05	2684.06	2764.58
29	4716.49	4875.96	3180.16	1627.52	1901.25	909.86	1773.65	2467.85	2443.17	2687.49	2768.11
30	4713.51	4902.81	3185.24	1652.31	1982.65	911.35	1865.24	2469.35	2444.66	2689.12	2769.80
31	4755.26	4911.75	3254.25	1682.45	2052.95	918.68	1896.52	2470.10	2445.40	2689.94	2770.64
32	4728.42	4917.72	3421.12	1752.30	2147.36	919.24	1899.32	2479.31	2454.52	2699.97	2780.97
33	4779.12	4917.72	3458.90	1792.36	2234.95	921.36	1953.45	2481.36	2456.55	2702.20	2783.27
34	4832.81	4923.68	3879.58	1865.32	2321.25	935.36	1982.36	2482.34	2457.52	2703.27	2784.37
35	4808.95	4953.51	3877.45	1932.45	2334.65	937.85	2013.54	2482.36	2457.54	2703.29	2784.39
36	4805.96	4968.42	3754.23	1923.54	2445.24	941.26	2119.30	2492.38	2467.46	2714.20	2795.63
37	4797.02	4995.26	3654.27	1952.47	2431.95	942.58	2139.32	2496.28	2471.32	2718.45	2800.01
38	4856.67	4992.28	3685.47	2024.63	2440.21	948.69	2145.23	2501.20	2476.19	2723.81	2805.52
39	4838.77	4998.25	3701.24	2025.61	2435.63	963.58	2252.57	2503.60	2478.56	2726.42	2808.21

40	4868.60	5031.05	3715.32	2030.42	2456.32	935.86	2260.32	2502.96	2477.93	2725.72	2807.50
41	4865.61	5045.96	3734.21	2034.73	2455.98	975.68	2265.34	2503.68	2478.64	2726.51	2808.30
42	4886.49	5060.88	3795.62	2038.25	2465.00	985.24	2264.27	2503.57	2478.53	2726.39	2808.18
43	4886.49	5057.89	3768.91	2042.41	2402.35	998.63	2263.54	2503.74	2478.70	2726.57	2808.37
44	4922.28	5057.89	3770.21	2046.82	2425.89	1002.35	2289.68	2503.96	2478.92	2726.81	2808.62
45	4907.37	5081.75	3775.42	2050.34	2439.21	1000.25	2285.32	2504.96	2479.91	2727.90	2809.74
46	4934.21	5102.63	3779.84	2062.34	2456.34	1001.85	2352.36	2505.82	2480.76	2728.84	2810.70
47	4952.11	5111.58	3780.12	2072.12	2465.34	1025.36	2436.59	2505.92	2480.86	2728.95	2810.82
48	4961.05	5117.54	3775.41	2083.45	2482.32	1021.58	2432.36	2506.00	2480.94	2729.03	2810.91
49	4961.05	5153.33	3752.14	2098.32	2466.85	1020.35	2445.68	2506.03	2480.97	2729.07	2810.94
50	4975.96	5159.30	3812.45	2115.24	2472.69	1020.01	2443.24	2508.21	2483.13	2731.44	2813.38
51	4993.86	5162.28	3792.52	2234.12	2485.42	1017.00	2436.52	2508.45	2483.37	2731.70	2813.65
52	4975.96	5201.05	3765.45	2258.32	2498.35	1014.65	2468.32	2509.24	2484.15	2732.56	2814.54
53	4975.96	5230.88	3772.40	2255.98	2500.00	1022.36	2485.36	2510.05	2484.95	2733.44	2815.45
54	5008.77	5320.35	3789.41	2288.35	2501.34	1025.37	2488.57	2511.95	2486.83	2735.51	2817.58
55	4993.86	5305.44	3798.21	2292.31	2487.53	1024.78	2489.63	2515.36	2490.21	2739.23	2821.40
56	4999.82	5400.88	3774.43	2281.85	2495.80	1025.10	2501.23	2516.48	2491.32	2740.45	2822.66
57	5014.74	5412.81	3752.25	2302.45	2496.35	1025.00	2503.24	2518.63	2493.44	2742.79	2825.07
58	4978.95	5442.63	3742.30	2315.24	2513.21	1024.98	2512.36	2518.72	2493.53	2742.89	2825.17
59	5023.68	5424.74	3798.24	2300.42	2500.35	1028.35	2519.25	2519.75	2494.55	2744.01	2826.33
60	5032.63	5377.02	3798.35	2302.45	2475.38	1029.20	2526.42	2520.31	2496.25	2745.88	2828.25

Çizelge Ek 1.16. Harç serilerinin TK içeriğine göre çatlak genişlikleri

Kuruma süresi (gün)	**TK yer değiştirme oranı (%)**										
	0	**10**	**20**	**30**	**40**	**50**	**60**	**70**	**80**	**90**	**100**
	Çatlak genişliği (mm)										
1	0.0000	0.0000	0.0000	0.0000	0.0000	0.0000	0.0000	0.0000	0.0000	0.0000	0.0000
2	0.0000	0.0000	0.0000	0.0000	0.0000	0.0000	0.0000	0.0000	0.0000	0.0000	0.0000
3	0.0000	0.0000	0.0000	0.0000	0.0000	0.0000	0.0000	0.0000	0.0000	0.0000	0.0000
4	0.0000	0.0000	0.0000	0.0000	0.0000	0.0000	0.0000	0.0000	0.0000	0.0000	0.0000
5	0.0000	0.0000	0.0000	0.0000	0.0000	0.0000	0.0000	0.0000	0.0000	0.0000	0.0000
6	0.0000	0.0000	0.0000	0.0000	0.0000	0.0000	0.0000	0.0000	0.0000	0.0000	0.0000
7	0.0000	0.0000	0.0000	0.0000	0.0000	0.0000	0.0000	0.0000	0.0000	0.0000	0.0000
8	0.0000	0.0000	0.0000	0.0000	0.0000	0.0000	0.0000	0.0000	0.0000	0.0000	0.0000
9	0.0000	0.0000	0.0000	0.0000	0.0000	0.0000	0.0000	0.0000	0.0000	0.0000	0.0000
10	0.0000	0.0000	0.0000	0.0000	0.0000	0.0000	0.0000	0.0000	0.0000	0.0000	0.0000
11	0.0000	0.0000	0.0000	0.0000	0.0000	0.0000	0.0000	0.0000	0.0000	0.0000	0.0000
12	0.0000	0.0000	0.0000	0.0000	0.0000	0.0000	0.0000	0.0000	0.0000	0.0000	0.0000
13	0.0000	0.0000	0.0000	0.0000	0.0000	0.0000	0.0000	0.0000	0.0000	0.0000	0.0000
14	0.0000	0.0000	0.0000	0.0000	0.0000	0.0000	0.0000	0.0000	0.0000	0.0000	0.0000
15	0.0000	0.0000	0.0000	0.0000	0.0000	0.0000	0.0000	0.0000	0.0000	0.0000	0.0000

16	0.0000	0.0000	0.0000	0.0000	0.0000	0.0000	0.0000	0.0000	0.0000	0.0000	0.0000
17	0.0000	0.0000	0.0000	0.0000	0.0000	0.0000	0.0000	0.0000	0.0000	0.0000	0.0000
18	0.0000	0.0000	0.0000	0.0000	0.0000	0.0000	0.0000	0.0000	0.0000	0.0000	0.0000
19	0.1100	0.0000	0.0000	0.0000	0.0000	0.0000	0.0000	0.0000	0.0000	0.0000	0.0000
20	0.2100	0.0787	0.0000	0.0000	0.0000	0.0000	0.0000	0.0000	0.0000	0.0000	0.0000
21	0.6300	0.1502	0.0000	0.0000	0.0000	0.0000	0.0000	0.0000	0.0000	0.0000	0.0000
22	0.9900	0.4506	0.2236	0.0000	0.0000	0.0000	0.0000	0.0000	0.0000	0.0000	0.0000
23	1.1400	0.7081	0.3841	0.0000	0.0000	0.0000	0.0000	0.0000	0.0000	0.0000	0.0000
24	1.1967	0.8154	0.4501	0.0000	0.0000	0.0000	0.0000	0.0000	0.0000	0.0000	0.0000
25	1.2100	0.8559	0.5518	0.0000	0.0000	0.0000	0.0000	0.0000	0.0000	0.0000	0.0000
26	1.2167	0.8655	0.5878	0.2239	0.0000	0.0000	0.0000	0.0000	0.0000	0.0000	0.0000
27	1.2213	0.8703	0.6434	0.2623	0.0333	0.0000	0.0000	0.0000	0.0000	0.0000	0.0000
28	1.2267	0.8736	0.6505	0.3131	0.3023	0.0000	0.0000	0.0000	0.0000	0.0000	0.0000
29	1.2433	0.8774	0.6541	0.3448	0.3481	0.0000	0.0000	0.0000	0.0000	0.0000	0.0000
30	1.2483	0.8894	0.6566	0.3750	0.3654	0.0000	0.0000	0.0000	0.0000	0.0000	0.0000
31	1.2517	0.8930	0.6595	0.3792	0.3695	0.0315	0.0000	0.0000	0.0000	0.0000	0.0000
32	1.2583	0.8955	0.6685	0.3813	0.3771	0.0601	0.0000	0.0000	0.0000	0.0000	0.0000
33	1.2617	0.9003	0.6713	0.3827	0.3786	0.1803	0.0147	0.0000	0.0000	0.0000	0.0000
34	1.2633	0.9030	0.6731	0.3844	0.3802	0.2833	0.0252	0.0000	0.0000	0.0000	0.0000
35	1.2667	0.9044	0.6767	0.3897	0.3779	0.3398	0.1321	0.0083	0.0054	0.0000	0.0000
36	1.2690	0.9075	0.6787	0.3912	0.3779	0.3424	0.2075	0.0142	0.0093	0.0000	0.0000
37	1.2700	0.9098	0.6798	0.3923	0.3779	0.3462	0.2390	0.0474	0.0311	0.0000	0.0000
38	1.2750	0.9113	0.6821	0.3944	0.3779	0.3481	0.2508	0.1173	0.0771	0.0000	0.0000
39	1.2817	0.9158	0.6838	0.3956	0.3779	0.3494	0.2536	0.1350	0.0887	0.0000	0.0000
40	1.2867	0.9220	0.6850	0.3962	0.3779	0.3510	0.2550	0.1417	0.0931	0.0059	0.0000
41	1.2883	0.9205	0.6884	0.3976	0.3779	0.3557	0.2560	0.1433	0.0942	0.0197	0.0000
42	1.2890	0.9219	0.6930	0.3986	0.3779	0.3572	0.2571	0.1441	0.0947	0.0489	0.0026
43	1.2900	0.9232	0.6919	0.3993	0.3779	0.3581	0.2606	0.1447	0.0951	0.0563	0.0044
44	1.2913	0.9241	0.6929	0.4012	0.3779	0.3600	0.2617	0.1453	0.0955	0.0591	0.0148
45	1.2920	0.9243	0.6939	0.4039	0.3779	0.3610	0.2624	0.1473	0.0968	0.0597	0.0230
46	1.2923	0.9259	0.6946	0.4033	0.3779	0.3615	0.2638	0.1479	0.0972	0.0601	0.0423
47	1.2933	0.9261	0.6948	0.4039	0.3779	0.3624	0.2645	0.1482	0.0974	0.0603	0.0444
48	1.2937	0.9269	0.6959	0.4045	0.3779	0.3631	0.2648	0.1490	0.0979	0.0605	0.0449
49	1.2943	0.9272	0.6961	0.4048	0.3779	0.3634	0.2655	0.1494	0.0982	0.0614	0.0451
50	1.2950	0.9276	0.6967	0.4049	0.3779	0.3648	0.2660	0.1496	0.0983	0.0616	0.0453
51	1.2977	0.9281	0.6969	0.4056	0.3779	0.3667	0.2662	0.1500	0.0986	0.0618	0.0455
52	1.2990	0.9300	0.6973	0.4057	0.3779	0.3681	0.2673	0.1503	0.0988	0.0621	0.0461
53	1.2993	0.9310	0.6976	0.4061	0.3779	0.3686	0.2687	0.1504	0.0989	0.0623	0.0463
54	1.2997	0.9312	0.6991	0.4062	0.3779	0.3688	0.2697	0.1510	0.0992	0.0624	0.0464
55	1.2997	0.9315	0.6998	0.4064	0.3779	0.3691	0.2701	0.1518	0.0998	0.0625	0.0467

56	1.2997	0.9315	0.7000	0.4066	0.3779	0.3695	0.2702	0.1524	0.1002	0.0626	0.0468
57	1.2997	0.9315	0.7001	0.4075	0.3779	0.3697	0.2704	0.1526	0.1003	0.0627	0.0468
58	1.2997	0.9315	0.7001	0.4079	0.3779	0.3698	0.2707	0.1527	0.1003	0.0629	0.0470
59	1.2997	0.9315	0.7001	0.4080	0.3779	0.3700	0.2708	0.1528	0.1004	0.0633	0.0471
60	1.2997	0.9315	0.7001	0.4081	0.3779	0.3701	0.2709	0.1529	0.1005	0.0635	0.0471

Çizelge Ek 1.17. KK ve CEN standart kumunun bazı özelikleri

Kimyasal bileşen (%)	**KK**	**Fiziksel özelikler**	**Birim**	**KK**	**CEN kumu**
SiO_2	50.99	Özgül ağırlık		1.9	-
Al_2O_3	13.76	Birim ağırlık, kg/dm^3	kg/m^3	925	-
Fe_2O_3	5.025	Su emme oranı (%)		18	<0.2
CaO	10.64	**Mekanik Özelikler**	**Birim**	**KK**	**CEN kumu**
K_2O	2.115	Basınç dayanımı	MPa	20	-
Na_2O	0.6				
Belirlenmeyen	13.015				

Çizelge Ek 1.18. KK içeren 28 günlük harç numunelerinin eğilmede çekme dayanımları

KK yer değiştirme oranı (%)	**28 günlük eğilmede çekme dayanımları (MPa)**		
0	5.67	5.28	6.36
		5.77	
10	8.14	7.73	7.89
		7.92	
20	9.28	9.22	9.39
		9.30	
30	10.47	10.38	10.16
		10.33	
40	9.14	8.91	8.88

	8.97		
50	8.28	8.45	8.44
	8.39		
60	8.28	8.36	8.27
	8.30		
70	8.30	8.42	8.75
	8.49		
80	7.50	7.67	7.28
	7.48		
90	7.19	7.09	7.03
	7.10		
100	7.03	7.09	6.73
	6.95		

Çizelge Ek 1.19. Harç serilerinin KK içeriğine göre basınç dayanımı değerleri

KK yer değiştirme oranı (%)	**Basınç dayanımı (MPa)**					
	Numune no					
	1	**2**	**3**	**4**	**5**	**6**
0	41.25	42.67	40.38	42.55	39.73	42.18
10	36.88	41.25	41.25	37.50	41.25	39.38
20	25.00	31.88	23.13	36.25	31.88	33.13
30	-	36.25	26.25	21.25	45.63	45.00
40	33.13	32.50	38.13	36.25	33.75	31.88
50	28.13	28.75	27.50	25.63	21.25	26.25
60	21.88	23.13	22.50	23.13	16.88	21.25
70	14.38	14.38	16.25	23.13	15.00	17.50
80	16.88	15.63	21.25	20.63	21.88	20.63
90	18.13	18.75	15.00	16.88	16.88	18.75
100	16.25	15.00	18.75	16.25	17.50	15.00

Çizelge Ek 1.20. Harç serilerinin KK içeriğine göre serbest kuruma rötresi değerleri

Kur. Sür. (gün)	KK yer değiştirme oranı (%)										
	0	**10**	**20**	**30**	**40**	**50**	**60**	**70**	**80**	**90**	**100**
	Kuruma serbest rötresi (10^{-6})										
1	0.00	0.00	0.00	0.00	0.00	0.00	0.00	0.00	0.00	0.00	0.00
2	2766.47	2912.39	2977.26	2779.88	2863.27	3335.85	3385.89	4269.89	5807.05	7665.31	8201.88
3	2869.82	3136.20	3155.58	3231.91	3328.87	3878.30	3936.47	4964.22	6751.34	8911.77	9535.59
4	3045.18	3339.96	3341.05	3521.86	3627.52	4226.24	4289.63	5409.58	7357.03	9711.28	10391.07
5	3211.16	3453.53	3558.74	3677.40	3787.73	4412.89	4479.08	5648.49	7681.95	10140.17	10849.99
6	3370.87	3597.16	3710.05	3844.61	3959.94	4613.53	4682.73	5905.31	8031.23	10601.22	11343.30
7	3483.61	3667.31	3729.38	4120.96	4244.59	4945.16	5019.33	6329.80	8608.53	11363.26	12158.68
8	3565.03	4044.77	4138.95	4318.54	4448.10	5182.25	5259.99	6633.28	9021.27	11908.07	12741.64
9	3640.18	4191.75	4259.54	4451.79	4585.34	5342.15	5422.28	6837.95	9299.61	12159.53	13010.70
10	3705.95	4318.68	4444.55	4741.23	4883.46	5926.53	6015.43	7585.96	10316.91	12555.13	13433.99
11	3799.89	4328.12	4514.55	4988.57	5138.23	6235.72	6329.25	7981.72	10855.13	12745.69	13637.88
12	3915.76	4465.66	4593.79	5076.14	5228.43	6345.18	6440.36	8121.83	11045.69	12864.47	13764.98
13	4066.08	4469.67	4586.22	5084.78	5237.32	6355.97	6451.31	8135.64	11064.47	13130.06	14049.17
14	4235.18	4502.40	4628.89	5114.92	5268.37	6393.65	6489.55	8183.87	11130.06	13179.02	14101.55
15	4250.84	4575.89	4649.25	5137.42	5291.54	6421.77	6518.10	8219.87	11179.02	13364.09	14299.57
16	4335.39	4699.48	4726.21	5222.47	5379.14	6528.08	6626.00	8355.95	11364.09	13692.65	14651.13
17	4413.68	4779.65	4939.78	5373.46	5534.66	6716.82	6817.58	8597.53	11692.65	13566.07	14515.69
18	4382.37	4810.96	5010.64	5536.76	5702.86	6644.11	6743.77	8504.46	11566.07	13785.85	14750.86
19	4501.37	4990.09	5336.63	5641.97	5811.23	6770.36	6871.92	8666.07	11785.85	13964.44	14941.95
20	4542.08	5107.00	5404.81	5887.32	6063.94	7064.78	7170.76	9042.92	12298.37	14528.21	15545.19
21	4582.79	5213.89	5548.45	6046.04	6227.42	7255.25	7364.08	9286.72	12629.94	14892.93	15935.44
22	4620.37	5264.00	5679.49	6275.84	6464.12	7531.01	7643.97	9639.69	13109.98	14920.98	15965.45
23	4720.58	5290.72	5702.15	6300.88	6489.90	7561.05	7674.47	9678.15	13162.28	14978.51	16027.00
24	4761.29	5335.72	5737.28	6339.69	6529.88	7607.63	7721.74	9737.77	13243.36	15067.70	16122.44
25	4780.08	5344.17	5795.48	6404.01	6596.13	7684.81	7800.08	9836.56	13377.72	15315.49	16387.57
26	4821.73	5387.59	5815.44	6426.06	6618.84	7711.27	7826.94	9870.43	13423.79	15766.17	16869.80
27	4823.92	5396.41	5836.44	6449.27	6642.75	7739.12	7855.21	9906.07	13472.26	15819.49	16926.85
28	4855.24	5410.98	5860.89	6476.28	6670.57	7771.53	7888.11	9947.56	13528.69	15881.55	16993.26
29	4933.53	5434.36	5959.00	6584.69	6782.23	7901.63	8020.15	10114.08	13755.15	16130.67	17259.81
30	4952.32	5461.08	5978.34	6606.06	6804.24	7927.27	8046.18	10146.91	13799.80	16179.78	17312.36
31	4949.18	5491.14	5989.00	6617.85	6816.38	7941.42	8060.54	10165.02	13824.42	16206.86	17341.35
32	4993.03	5501.16	6033.93	6667.49	6867.51	8000.98	8121.00	10241.26	13928.11	16320.93	17463.39
33	4964.84	5507.85	6084.35	6723.21	6924.91	8067.85	8188.87	10326.85	14044.51	16448.97	17600.39
34	5018.08	5507.85	6163.69	6810.88	7015.20	8173.05	8295.65	10461.51	14227.65	16650.42	17815.94
35	5074.45	5514.53	6247.12	6903.07	7110.16	8283.68	8407.93	10603.11	14420.23	16862.25	18042.61
36	5049.39	5547.93	6342.65	7008.62	7218.88	8410.35	8536.50	10765.24	14640.73	17104.81	18302.14
37	5046.26	5564.63	6343.88	7009.99	7220.29	8411.99	8538.17	10767.35	14643.59	17107.95	18305.51
38	5036.87	5594.69	6373.97	7043.23	7254.53	8451.88	8578.66	10818.41	14713.03	17184.34	18387.24
39	5099.50	5591.35	6439.49	7115.63	7329.10	8538.76	8666.84	10929.61	14864.27	17350.70	18565.25

40	5080.71	5598.04	6572.60	7262.73	7480.61	8715.27	8846.00	11155.55	15171.55	17688.70	18926.91
41	5112.03	5634.78	6602.17	7295.40	7514.26	8754.48	8885.80	11205.73	15239.80	17763.78	19007.24
42	5108.89	5651.48	6641.84	7339.23	7559.41	8807.08	8939.19	11273.06	15331.37	17864.50	19115.02
43	5130.82	5659.18	6658.83	7358.01	7578.75	8829.61	8962.05	11301.90	15370.58	17907.64	19161.18
44	5130.82	5664.84	6679.73	7381.10	7602.53	8857.32	8990.18	11337.36	15418.81	17960.70	19217.94
45	5168.39	5664.84	6707.45	7394.73	7616.57	8873.67	9006.78	11358.30	15447.29	17992.02	19251.46
46	5152.74	5691.56	6714.71	7402.76	7624.84	8883.31	9016.56	11370.63	15464.06	18010.47	19271.20
47	5180.92	5714.95	6717.44	7405.77	7627.95	8886.93	9020.23	11375.27	15470.36	18017.40	19278.62
48	5199.71	5724.97	6765.04	7424.37	7647.10	8909.24	9042.88	11403.83	15509.21	18060.13	19324.34
49	5209.11	5731.65	6806.30	7435.96	7659.04	8923.16	9057.01	11421.64	15533.43	18086.78	19352.85
50	5209.11	5771.73	6828.36	7460.34	7684.15	8952.41	9086.69	11459.08	15584.35	18142.78	19412.78
51	5224.76	5778.41	6828.38	7460.36	7684.17	8952.43	9086.72	11459.12	15584.40	18142.84	19412.84
52	5243.55	5781.75	6837.66	7470.62	7694.74	8964.74	9099.21	11474.87	15605.82	18166.41	19438.05
53	5224.76	5825.18	6838.25	7471.27	7695.41	8965.52	9100.00	11475.87	15607.18	18167.90	19439.65
54	5224.76	5858.58	6857.76	7492.83	7717.61	8991.39	9126.26	11508.98	15652.21	18217.43	19492.66
55	5259.21	5958.79	6864.29	7500.04	7725.04	9000.05	9135.05	11520.07	15667.29	18234.02	19510.40
56	5243.55	5942.09	6870.80	7507.24	7732.45	9008.68	9143.81	11531.11	15682.32	18250.55	19528.09
57	5249.82	6048.98	6876.30	7513.32	7738.72	9015.98	9151.22	11540.45	15695.02	18264.52	19543.03
58	5265.47	6062.34	6876.24	7513.25	7738.64	9015.90	9151.13	11540.35	15694.87	18264.36	19542.86
59	5227.89	6095.75	6876.54	7513.57	7738.98	9016.29	9151.53	11540.85	15695.55	18265.10	19543.66
60	5274.87	6075.71	6879.49	7516.84	7742.35	9020.21	9155.51	11545.87	15702.38	18272.62	19551.70

Çizelge Ek 1.21. Harç serilerinin KK içeriğine göre çatlak genişlikleri

Kuruma süresi (gün)	**KK yer değiştirme oranı (%)**										
	0	**10**	**20**	**30**	**40**	**50**	**60**	**70**	**80**	**90**	**100**
	Çatlak genişliği (mm)										
1	0.0000	0.0000	0.0000	0.0000	0.0000	0.0000	0.0000	0.0000	0.0000	0.0000	0.0000
2	0.0000	0.0000	0.0000	0.0000	0.0000	0.0000	0.0000	0.0000	0.0000	0.0000	0.0000
3	0.0000	0.0000	0.0000	0.0000	0.0000	0.0000	0.0000	0.0000	0.0000	0.0000	0.0000
4	0.0000	0.0000	0.0000	0.0000	0.0000	0.0000	0.0000	0.0000	0.0000	0.0000	0.0000
5	0.0000	0.0000	0.0000	0.0000	0.0000	0.0000	0.0000	0.0000	0.0000	0.0000	0.0000
6	0.0000	0.0000	0.0000	0.0000	0.0000	0.0000	0.0000	0.0000	0.0000	0.0000	0.0000
7	0.0000	0.0000	0.0000	0.0000	0.0000	0.0000	0.0000	0.0000	0.0000	0.0000	0.0000
8	0.0000	0.0000	0.0000	0.0000	0.0000	0.0000	0.0000	0.0000	0.0000	0.0000	0.0000
9	0.0000	0.0000	0.0000	0.0000	0.0000	0.0000	0.0000	0.0000	0.0000	0.0000	0.0000
10	0.0000	0.0000	0.0000	0.0000	0.0000	0.0000	0.0000	0.0000	0.0000	0.0000	0.0000
11	0.0000	0.0000	0.0000	0.0000	0.0000	0.0000	0.0000	0.0000	0.0000	0.0000	0.0000
12	0.0000	0.0000	0.0000	0.0000	0.0000	0.0000	0.0000	0.0000	0.0000	0.0000	0.0000
13	0.0000	0.0000	0.0000	0.0000	0.0000	0.0000	0.0000	0.0000	0.0000	0.0000	0.0000
14	0.0000	0.0000	0.0000	0.0000	0.0000	0.0000	0.0000	0.0000	0.0000	0.0000	0.0000
15	0.0000	0.0000	0.0000	0.0000	0.0000	0.0000	0.0000	0.0000	0.0000	0.0000	0.0000

16	0.0000	0.0000	0.0000	0.0000	0.0000	0.0000	0.0000	0.0000	0.0000	0.0000	0.0000
17	0.0000	0.0000	0.0000	0.0000	0.0000	0.0000	0.0000	0.0000	0.0000	0.0000	0.0000
18	0.0000	0.0000	0.0000	0.0000	0.0000	0.0000	0.0000	0.0000	0.0000	0.0000	0.0000
19	0.0000	0.0000	0.0000	0.0000	0.0000	0.0000	0.0000	0.0000	0.0000	0.0000	0.0000
20	0.0000	0.0000	0.0000	0.0000	0.0000	0.0000	0.0000	0.0000	0.0000	0.0000	0.0000
21	0.1213	0.0000	0.0000	0.0000	0.0000	0.0000	0.0000	0.0000	0.0000	0.0000	0.0000
22	0.2315	0.1005	0.0769	0.0000	0.0000	0.0000	0.0000	0.0000	0.0000	0.0000	0.0000
23	0.6946	0.1919	0.1264	0.0000	0.0000	0.0000	0.0000	0.0000	0.0000	0.0000	0.0000
24	1.0915	0.5758	0.2650	0.0000	0.0000	0.0000	0.0000	0.0000	0.0000	0.0000	0.0000
25	1.2569	0.9048	0.4949	0.0000	0.0721	0.0000	0.0000	0.0000	0.0000	0.0000	0.0000
26	1.3193	1.0419	0.7777	0.0686	0.1310	0.0759	0.1396	0.0000	0.0000	0.0000	0.0000
27	1.3340	1.0937	0.8955	0.1177	0.2546	0.1837	0.2641	0.0000	0.0000	0.0000	0.0000
28	1.3414	1.1059	0.9400	0.2472	0.4638	0.2613	0.4792	0.0506	0.0000	0.0000	0.0000
29	1.3465	1.1120	0.9505	0.4417	0.7288	0.5869	0.7531	0.0867	0.0000	0.0000	0.0000
30	1.3524	1.1162	0.9557	0.6941	0.8392	0.7676	0.8672	0.2890	0.1176	0.0000	0.0000
31	1.3708	1.1211	0.9594	0.7992	0.8809	0.8839	0.9103	0.7153	0.2177	0.1163	0.0000
32	1.3763	1.1364	0.9636	0.8390	0.8907	0.9279	0.9204	0.8236	0.3522	0.2153	0.0000
33	1.3800	1.1411	0.9767	0.8483	0.8956	0.9382	0.9255	0.8646	0.8717	0.3483	0.0000
34	1.3873	1.1442	0.9806	0.8530	0.8991	0.9434	0.9290	0.8742	1.0038	0.8621	0.0621
35	1.3910	1.1504	0.9832	0.8563	0.9030	0.9470	0.9331	0.8790	1.0537	0.9928	0.1065
36	1.3928	1.1538	0.9885	0.8600	0.9153	0.9511	0.9458	0.8824	1.0654	1.0421	0.3551
37	1.3965	1.1556	0.9911	0.8717	0.9189	0.9641	0.9496	0.8862	1.0713	1.0537	0.5504
38	1.3991	1.1596	0.9924	0.8752	0.9214	0.9679	0.9521	0.8983	1.0754	1.0595	1.0120
39	1.4002	1.1625	0.9950	0.8775	0.9263	0.9705	0.9572	0.9019	1.0801	1.0636	1.0623
40	1.4057	1.1645	0.9968	0.8822	0.9288	0.9757	0.9597	0.9043	1.0948	1.0682	1.0741
41	1.4130	1.1702	0.9976	0.8845	0.9300	0.9783	0.9610	0.9091	1.0992	1.0828	1.0800
42	1.4186	1.1781	1.0016	0.8857	0.9324	0.9796	0.9635	0.9115	1.1021	1.0871	1.0842
43	1.4204	1.1762	1.0068	0.8880	0.9342	0.9822	0.9653	0.9127	1.1080	1.0900	1.0889
44	1.4211	1.1779	1.0107	0.8897	0.9349	0.9840	0.9661	0.9151	1.1109	1.0958	1.1037
45	1.4222	1.1796	1.0120	0.8904	0.9386	0.9847	0.9699	0.9168	1.1124	1.0987	1.1082
46	1.4237	1.1807	1.0125	0.8939	0.9435	0.9886	0.9749	0.9176	1.1153	1.1002	1.1111
47	1.4244	1.1810	1.0133	0.8986	0.9472	0.9938	0.9787	0.9212	1.1174	1.1031	1.1170
48	1.4248	1.1830	1.0144	0.9021	0.9484	0.9977	0.9800	0.9260	1.1183	1.1051	1.1200
49	1.4259	1.1834	1.0149	0.9032	0.9489	0.9990	0.9805	0.9296	1.1227	1.1060	1.1215
50	1.4263	1.1844	1.0152	0.9037	0.9496	0.9995	0.9813	0.9308	1.1283	1.1103	1.1244
51	1.4270	1.1847	1.0160	0.9044	0.9506	1.0002	0.9823	0.9313	1.1319	1.1159	1.1265
52	1.4277	1.1853	1.0162	0.9053	0.9511	1.0013	0.9828	0.9320	1.1344	1.1194	1.1265
53	1.4307	1.1859	1.0167	0.9058	0.9513	1.0018	0.9830	0.9330	1.1374	1.1219	1.1265
54	1.4321	1.1884	1.0173	0.9060	0.9521	1.0021	0.9838	0.9343	1.1393	1.1249	1.1265
55	1.4325	1.1896	1.0194	0.9067	0.9523	1.0028	0.9841	0.9378	1.1414	1.1268	1.1265

56	1.4329	1.1899	1.0204	0.9070	0.9528	1.0031	0.9846	0.9396	1.1427	1.1289	1.1265
57	1.4329	1.1902	1.0207	0.9107	0.9533	1.0036	0.9851	0.9408	1.1445	1.1302	1.1265
58	1.4329	1.1902	1.0209	0.9107	0.9553	1.0041	0.9851	0.9433	1.1445	1.1320	1.1265
59	1.4329	1.1902	1.0209	0.9107	0.9562	1.0062	0.9851	0.9433	1.1445	1.1338	1.1265
60	1.4329	1.1902	1.0209	0.9107	0.9562	1.0072	0.9851	0.9433	1.1445	1.1338	1.1265

Çizelge Ek 1.22. UK'nın bazı özelikleri

Kimyasal bileşen (%)	**UK**	**Fiziksel özelikler**	**Birim**	**UK**
SiO_2	58.6	Özgül ağırlık		1.8
Al_2O_3	25.1	Gevşek birim ağırlık	kg/d	0.8
Fe_2O_3	5.80	Sıkışık birim ağırlık	kg/m	1.1
CaO	1.49	200 μm elek üstünde	%	12.
MgO	2.22	90 μm elek üstünde	%	34.
SO_3	0.12	45 μm elek üstünde	%	49.
Serbest Cl^-	0.01			
KK	1.28			
K_2O	4.04			
Na_2O	0.59			

Çizelge Ek 1.23. UK içeren 28 günlük harç numunelerinin eğilmede çekme dayanımları

UK yer değiştirme oranı (%)	**28 günlük eğilmede çekme dayanımları (MPa)**		
0	4.67	5.85	6.14
	5.55		
10	5.32	4.96	4.05
	4.78		
20	4.03	4.47	3.86
	4.12		
30	5.14	4.87	4.72
	4.91		
40	4.32	4.35	4.60
	4.42		
50	3.69	3.67	3.88

	3.75		
60	2.96	3.25	2.90
	3.04		
70	2.82	2.77	2.81
	2.80		
80	2.67	2.45	2.20
	2.44		
90	1.92	1.83	1.80
	1.85		
100	1.74	1.82	1.42
	1.66		

Çizelge Ek 1.24. Harç serilerinin UK içeriğine göre basınç dayanımı değerleri

UK yer değiştirme oranı (%)	**Basınç dayanımı (MPa)**					
	Numune no					
	1	**2**	**3**	**4**	**5**	**6**
0	43.49	41.82	39.25	46.89	49.23	49.10
10	38.15	40.53	41.30	38.42	41.08	37.82
20	39.47	41.90	43.93	45.21	46.25	46.13
30	47.23	45.15	46.25	46.12	46.63	49.23
40	36.02	39.50	34.52	33.62	33.07	32.84
50	29.13	28.52	28.72	31.25	31.61	31.36
60	24.83	25.69	30.51	29.13	30.32	28.35
70	24.27	24.32	25.17	24.13	25.07	21.03
80	26.72	24.93	23.38	14.63	14.57	14.51
90	15.60	15.01	15.26	14.48	14.50	16.24
100	10.33	11.00	11.97	13.45	13.50	12.34

Çizelge Ek 1.25. Harç serilerinin UK içeriğine göre serbest kuruma rötresi değerleri

Kur. Sür. (gün)	**UK yer değiştirme oranı (%)**										
	0	**10**	**20**	**30**	**40**	**50**	**60**	**70**	**80**	**90**	**100**
	Kuruma serbest rötresi (10^{-6})										
1	0.00	0.00	0.00	0.00	0.00	0.00	0.00	0.00	0.00	0.00	0.00
2	2002.19	2154.39	2631.58	2768.86	2846.49	2900.00	2957.46	2970.18	2972.37	2972.37	3180.43

3	2056.14	2251.75	2788.60	2944.74	2965.79	3006.58	3032.46	3104.26	3105.70	3105.70	3323.10
4	2133.33	2357.89	2720.18	2917.11	3110.09	3150.44	3160.53	3275.00	3278.07	3278.07	3507.54
5	2211.40	2378.95	2774.56	3029.82	3164.04	3094.30	3103.07	3187.63	3191.67	3191.67	3415.08
6	2310.09	2495.61	2837.28	3107.46	3314.47	3309.65	3319.74	3274.56	3275.00	3275.00	3504.25
7	2386.84	2569.30	2933.33	3309.21	3475.00	3292.11	3305.70	3365.35	3367.54	3367.54	3603.27
8	2452.63	2682.02	3001.75	3278.51	3525.00	3523.25	3539.47	3553.51	3553.07	3553.07	3801.79
9	2517.98	2755.70	3083.33	3349.12	3628.07	3610.96	3629.82	3632.46	3636.40	3636.40	3890.95
10	2574.56	2880.70	3151.75	3462.72	3706.14	3730.70	3732.02	3739.91	3739.74	3739.74	4001.52
11	2680.70	3005.70	3229.39	3615.79	3889.04	3811.84	3814.04	3844.30	3846.93	3846.93	4116.21
12	2751.32	3033.77	3307.02	3693.86	3991.67	3938.16	3952.63	3987.76	3987.76	3987.76	4266.91
13	2828.95	3131.14	3350.88	3823.68	4084.65	4055.26	4060.09	4082.89	4084.39	4084.39	4370.29
14	2934.65	3183.77	3453.95	3910.09	4179.39	4109.65	4109.65	4153.51	4153.51	4151.75	4442.38
15	2969.30	3283.33	3581.14	3987.72	4265.35	4223.68	4219.30	4248.68	4252.19	4252.19	4549.85
16	3030.26	3405.26	3625.00	4061.75	4385.09	4366.23	4376.32	4360.53	4363.60	4363.60	4669.05
17	3147.37	3449.56	3741.23	4250.44	4460.96	4534.21	4517.54	4428.51	4453.51	4453.51	4765.25
18	3185.96	3550.00	3845.61	4338.16	4600.88	4584.21	4551.75	4506.58	4509.65	4509.65	4825.32
19	3306.14	3661.84	3912.72	4410.53	4689.91	4673.68	4665.79	4631.14	4633.33	4633.33	4957.67
20	3409.65	3710.96	3993.42	4489.91	4760.09	4818.42	4799.12	4753.07	4754.82	4754.82	5087.66
21	3515.35	3794.74	4096.93	4624.56	4850.00	4889.91	4882.02	4838.16	4839.91	4839.91	5178.71
22	3595.61	3831.14	4289.91	4745.18	4948.68	4961.40	4960.53	4894.30	4896.49	4896.49	5239.25
23	3693.42	3985.96	4338.16	4803.51	5037.72	5043.86	5043.86	4994.30	4996.49	4996.49	5346.25
24	3772.81	4028.95	4410.09	4905.26	5133.33	5138.60	5146.93	5103.51	5105.70	5105.70	5463.10
25	3838.16	4108.33	4527.63	4969.74	5199.56	5202.63	5210.09	5165.79	5167.98	5167.98	5529.74
26	3925.88	4183.33	4603.95	5061.40	5335.09	5297.81	5294.74	5254.82	5257.46	5257.46	5625.48
27	4013.60	4306.14	4717.98	5202.63	5431.58	5410.53	5397.37	5368.86	5371.49	5371.49	5747.50
28	4101.32	4357.46	4738.60	5317.54	5518.86	5447.37	5451.75	5430.70	5433.77	5433.77	5814.14
29	4209.65	4477.19	4840.79	5385.53	5570.18	5570.18	5568.42	5535.53	5537.28	5537.28	5924.89
30	4332.02	4542.54	4917.98	5566.67	5721.93	5696.49	5720.18	5654.82	5658.77	5658.77	6054.89
31	4392.11	4659.65	5009.65	5650.44	5776.75	5786.84	5789.47	5797.37	5800.88	5800.88	6206.94
32	4477.63	4732.46	5079.39	5744.74	5882.89	5884.21	5872.37	5861.84	5864.47	5864.47	6274.99
33	4565.35	4822.81	5176.32	5823.68	5940.79	5869.30	5892.98	5961.84	5964.91	5964.91	6382.46
34	4619.30	4902.63	5252.63	5935.53	6013.16	6017.54	6011.84	6027.63	6031.14	6031.14	6453.32

35	4756.58	5021.05	5351.75	6068.42	6136.84	6120.18	6078.07	6110.09	6113.60	6113.60	6541.55
36	4812.72	5076.75	5435.09	6205.26	6307.02	6218.42	6272.37	6262.28	6264.47	6264.47	6702.99
37	4823.68	5158.33	5557.02	6280.70	6369.74	6357.46	6353.95	6364.04	6367.11	6367.11	6812.80
38	4903.51	5259.65	5700.44	6372.81	6471.49	6437.28	6436.84	6442.11	6444.30	6444.30	6895.40
39	5096.05	5346.49	5851.32	6459.65	6590.79	6547.37	6515.79	6513.60	6517.11	6517.11	6973.30
40	5166.67	5453.07	5971.05	6600.44	6699.56	6710.09	6722.37	6689.04	6690.79	6690.79	7159.14
41	5276.32	5549.56	6103.07	6696.49	6778.95	6835.96	6787.72	6739.91	6741.23	6741.23	7213.11
42	5377.63	5669.30	6244.30	6785.96	6923.25	6910.96	6932.46	6842.98	6844.30	6844.30	7323.40
43	5427.19	5719.30	6342.11	6900.44	7011.40	7085.96	7006.58	6951.75	6954.82	6954.82	7441.66
44	5497.37	5820.61	6462.72	6956.14	7128.95	7202.63	7163.60	7109.21	7113.16	7113.16	7611.08
45	5627.63	5932.02	6493.86	6867.54	7291.67	7256.58	7222.81	7175.00	7177.63	7177.63	7680.07
46	5671.49	5989.47	6589.47	6995.61	7397.81	7466.23	7375.44	7326.32	7328.07	7328.07	7841.04
47	5800.88	6100.00	6785.96	7145.18	7509.21	7553.07	7541.23	7504.39	7509.21	7509.21	8034.86
48	5875.44	6178.95	6949.56	7228.95	7582.02	7662.28	7660.96	7652.19	7654.39	7654.39	8190.19
49	5992.11	6289.47	7152.63	7318.86	7666.67	8009.21	8135.96	8001.32	8004.39	8004.39	8564.69
50	6024.56	6355.70	7284.65	7403.95	7747.37	8157.02	8286.40	8249.12	8250.88	8250.88	8828.44
51	6135.53	6443.86	7302.63	7521.93	7907.02	8235.09	8377.63	8383.77	8385.96	8385.96	8972.98
52	6219.30	6548.68	7404.39	7610.53	7953.51	8321.75	8456.58	8470.61	8473.25	8473.25	9066.37
53	6340.79	6617.98	7551.75	7695.18	8007.89	8373.68	8549.69	8552.63	8555.70	8555.70	9154.60
54	6445.18	6726.32	7686.84	7861.84	8106.58	8366.67	8570.18	8665.35	8667.54	8667.54	9274.27
55	6472.37	6803.07	7804.82	7937.28	8205.26	8466.67	8582.89	8717.98	8721.05	8721.05	9331.53
56	6603.51	6869.74	7859.21	8008.77	8253.95	8552.02	8675.44	8762.28	8768.86	8768.86	9382.68
57	6686.40	6944.30	7981.58	8080.26	8382.89	8621.05	8750.44	8833.77	8837.28	8837.28	9455.89
58	6750.44	7019.30	8087.72	8135.09	8507.89	8728.51	8799.12	8875.88	8878.95	8878.95	9500.47
59	6847.37	7111.84	8174.56	8226.32	8625.88	8800.44	8852.19	8946.05	8948.68	8948.68	9575.09
60	6932.46	7236.40	8292.54	8325.88	8750.88	8853.51	8920.61	9014.47	9017.98	9017.98	9649.24

Çizelge Ek 1.26. Harç serilerinin UK içeriğine göre çatlak genişlikleri

Kuruma süresi (gün)	**UK yer değiştirme oranı (%)**										
	0	**10**	**20**	**30**	**40**	**50**	**60**	**70**	**80**	**90**	**100**
	Çatlak genişliği (mm)										
1	0.0000	0.0000	0.0000	0.0000	0.0000	0.0000	0.0000	0.0000	0.0000	0.0000	0.0000
2	0.0000	0.0000	0.0000	0.0000	0.0000	0.0000	0.0000	0.0000	0.0000	0.0000	0.0000
3	0.0000	0.0000	0.0000	0.0000	0.0000	0.0000	0.0000	0.0000	0.0000	0.0000	0.0000
4	0.0000	0.0000	0.0000	0.0000	0.0000	0.0000	0.0000	0.0000	0.0000	0.0000	0.0000
5	0.0000	0.0000	0.0000	0.0000	0.0000	0.0000	0.0000	0.0000	0.0000	0.0000	0.0000
6	0.0000	0.0000	0.0000	0.0000	0.0000	0.0000	0.0000	0.0000	0.0000	0.0000	0.0000
7	0.0000	0.0000	0.0000	0.0000	0.0000	0.0000	0.0000	0.0000	0.0000	0.0000	0.0000
8	0.0000	0.0000	0.0000	0.0000	0.0000	0.0000	0.0000	0.0000	0.0000	0.0000	0.0000
9	0.0000	0.0000	0.0000	0.0000	0.0000	0.0000	0.0000	0.0000	0.0000	0.0000	0.0000
10	0.0000	0.0000	0.0000	0.0000	0.0000	0.0000	0.0000	0.0000	0.0000	0.0000	0.0000
11	0.0000	0.0000	0.0000	0.0000	0.0000	0.0000	0.0000	0.0000	0.0000	0.0000	0.0000
12	0.0000	0.0000	0.0000	0.0000	0.0000	0.0000	0.0000	0.0000	0.0000	0.0000	0.0000
13	0.0000	0.0000	0.0000	0.0000	0.0000	0.0000	0.0000	0.0000	0.0000	0.0000	0.0000
14	0.0000	0.0000	0.0000	0.0000	0.0000	0.0000	0.0000	0.0000	0.0000	0.0000	0.0000
15	0.1100	0.0000	0.0000	0.0000	0.0000	0.0000	0.0000	0.0000	0.0000	0.0000	0.0000
16	0.2100	0.0000	0.0000	0.0000	0.0000	0.0000	0.0000	0.0000	0.0000	0.0000	0.0000
17	0.6300	0.2800	0.0000	0.0000	0.0000	0.0000	0.0000	0.0000	0.0000	0.0000	0.0000
18	0.9900	0.6300	0.0000	0.0000	0.0000	0.0000	0.0000	0.0000	0.0000	0.0000	0.0000
19	1.1400	0.9300	0.0000	0.0000	0.0000	0.0000	0.0000	0.0000	0.0000	0.0000	0.0000
20	1.1675	1.0200	0.0000	0.0000	0.0000	0.0000	0.0000	0.0000	0.0000	0.0000	0.0000
21	1.1728	1.0650	0.5900	0.0000	0.0000	0.0000	0.0000	0.0000	0.0000	0.0000	0.0000
22	1.1739	1.0980	1.0900	0.0000	0.0000	0.0000	0.0000	0.0000	0.0000	0.0000	0.0000
23	1.1790	1.1150	1.4600	0.0000	0.0000	0.0000	0.0000	0.0000	0.0000	0.0000	0.0000
24	1.1790	1.2900	1.6300	0.6300	0.0000	0.0000	0.0000	0.0000	0.0000	0.0000	0.0000
25	1.1800	1.4370	1.6640	1.1800	0.7500	0.0000	0.0000	0.0000	0.0000	0.0000	0.0000
26	1.8150	1.5450	1.6920	1.4900	1.3300	0.0000	0.0000	0.0000	0.0000	0.0000	0.0000
27	1.8250	1.6710	1.7140	1.5600	1.6700	0.0000	0.0000	0.0000	0.0000	0.0000	0.0000
28	1.8560	1.7280	1.7140	1.6400	2.0100	0.7800	0.0000	0.0000	0.0000	0.0000	0.0000
29	1.8600	1.7460	1.7140	1.6800	2.1600	1.4300	0.0000	0.0000	0.0000	0.0000	0.0000
30	1.8600	1.7460	1.7140	1.6900	2.1800	1.8500	0.2000	0.0000	0.0000	0.0000	0.0000
31	1.8600	1.7460	1.7140	1.7000	2.2000	1.9200	0.5100	0.2600	0.0000	0.0000	0.0000
32	1.8600	1.7460	1.7140	1.7100	2.2000	1.9600	0.6700	0.5200	0.3300	0.1700	0.0000
33	1.8600	1.7460	1.7140	1.7100	2.2100	1.9800	0.7300	0.5600	0.4500	0.4400	0.0000
34	1.8600	1.7460	1.7140	1.7100	2.2300	1.9800	0.8100	0.6300	0.5400	0.5600	0.2091

35	1.8600	1.7460	1.7140	1.7100	2.2500	1.9900	0.8100	0.6900	0.6100	0.7500	0.5412
36	1.8600	1.7460	1.7140	1.7100	2.2500	2.0900	0.8700	0.7400	0.6700	0.8400	0.6888
37	1.8600	1.7460	1.7140	1.7100	2.2500	2.1000	0.9000	0.7600	0.6800	0.8400	0.9225
38	1.8600	1.7460	1.7140	1.7100	2.2500	2.1200	0.9000	0.7600	0.7000	0.8900	1.0332
39	1.8600	1.7460	1.7140	1.7100	2.2500	2.1400	0.9200	0.7800	0.7500	0.9500	1.0332
40	1.8600	1.7460	1.7140	1.7100	2.2500	2.1400	0.9200	0.8100	0.7900	0.9600	1.0950
41	1.8600	1.7460	1.7140	1.7100	2.2500	2.1400	0.9200	0.8200	0.8100	0.9600	1.1680
42	1.8600	1.7460	1.7140	1.7100	2.2500	2.1400	0.9200	0.8400	0.8300	0.9600	1.1720
43	1.8600	1.7460	1.7140	1.7100	2.2500	2.1400	0.9200	0.8400	0.8300	0.9600	1.8100
44	1.8600	1.7460	1.7140	1.7100	2.2500	2.1400	0.9200	0.8400	0.8300	0.9600	1.8500
45	1.8600	1.7460	1.7140	1.7100	2.2500	2.1400	0.9200	0.8400	0.8300	0.9600	1.8500
46	1.8600	1.7460	1.7140	1.7100	2.2500	2.1400	0.9200	0.8400	0.8300	0.9600	1.8500
47	1.8600	1.7460	1.7140	1.7100	2.2500	2.1400	0.9200	0.8400	0.8300	0.9600	1.8500
48	1.8600	1.7460	1.7140	1.7100	2.2500	2.1400	0.9200	0.8400	0.8300	0.9600	1.8500
49	1.8600	1.7460	1.7140	1.7100	2.2500	2.1400	0.9200	0.8400	0.8300	0.9600	1.8500
50	1.8600	1.7460	1.7140	1.7100	2.2500	2.1400	0.9200	0.8400	0.8300	0.9600	1.8500
51	1.8600	1.7460	1.7140	1.7100	2.2500	2.1400	0.9200	0.8400	0.8300	0.9600	1.8500
52	1.8600	1.7460	1.7140	1.7100	2.2500	2.1400	0.9200	0.8400	0.8300	0.9600	1.8500
53	1.8600	1.7460	1.7140	1.7100	2.2500	2.1400	0.9200	0.8400	0.8300	0.9600	1.8500
54	1.8600	1.7460	1.7140	1.7100	2.2500	2.1400	0.9200	0.8400	0.8300	0.9600	1.8500
55	1.8600	1.7460	1.7140	1.7100	2.2500	2.1400	0.9200	0.8400	0.8300	0.9600	1.8500
56	1.8600	1.7460	1.7140	1.7100	2.2500	2.1400	0.9200	0.8400	0.8300	0.9600	1.8500
57	1.8600	1.7460	1.7140	1.7100	2.2500	2.1400	0.9200	0.8400	0.8300	0.9600	1.8500
58	1.8600	1.7460	1.7140	1.7100	2.2500	2.1400	0.9200	0.8400	0.8300	0.9600	1.8500
59	1.8600	1.7460	1.7140	1.7100	2.2500	2.1400	0.9200	0.8400	0.8300	0.9600	1.8500
60	1.8600	1.7460	1.7140	1.7100	2.2500	2.1400	0.9200	0.8400	0.8300	0.9600	1.8500

Çizelge Ek 1.27. Eğitim verileri

YO (%)	KS (gün)	SR (mikroşekil.)	ÇG (mm)	YO (%)	KS (gün)	SR (mikroşekil.)	ÇG (mm)	YO (%)	KS (gün)	SR (mikroşekil.)	ÇG (mm)
0	19	0.002095	0.11	10	21	0.002705	0.173	20	21	0.002752	0.271
0	21	0.002182	0.63	10	22	0.002733	0.52	20	22	0.002795	0.465
0	22	0.002295	0.99	10	24	0.002789	0.941	20	24	0.00295	0.766
0	24	0.002361	1.197	10	25	0.002835	0.987	20	25	0.00315	0.862
0	25	0.002408	1.21	10	27	0.00286	1.004	20	27	0.003172	0.908
0	27	0.002446	1.221	10	28	0.002884	1.008	20	28	0.003171	0.913
0	28	0.002533	1.227	10	30	0.002944	1.026	20	30	0.003185	0.921
0	30	0.002551	1.248	10	31	0.002954	1.03	20	31	0.003254	0.934
0	31	0.0026	1.252	10	33	0.002961	1.038	20	33	0.003459	0.94
0	33	0.002628	1.262	10	34	0.002968	1.041	20	34	0.00388	0.945

YO (%)	KS (gün)	SR (mikroşekil.)	ÇG (mm)	YO (%)	KS (gün)	SR (mikroşekil.)	ÇG (mm)	YO (%)	KS (gün)	SR (mikroşekil.)	ÇG (mm)
0	34	0.002691	1.263	10	36	0.003021	1.047	20	36	0.003754	0.949
0	36	0.00266	1.269	10	37	0.003053	1.049	20	37	0.003654	0.953
0	37	0.002649	1.27	10	39	0.003056	1.056	20	39	0.003701	0.957
0	39	0.002698	1.282	10	40	0.003095	1.063	20	40	0.003715	0.961
0	40	0.002733	1.287	10	42	0.00313	1.063	20	42	0.003796	0.966
0	42	0.002754	1.289	10	43	0.003126	1.065	20	43	0.003769	0.968
0	43	0.002754	1.29	10	45	0.003154	1.066	20	45	0.003775	0.97
0	45	0.002779	1.292	10	46	0.003179	1.068	20	46	0.00378	0.97
0	46	0.002811	1.292	10	48	0.003196	1.069	20	48	0.003775	0.972
0	48	0.002842	1.294	10	49	0.003239	1.069	20	49	0.003752	0.973
0	49	0.002842	1.294	10	51	0.003249	1.071	20	51	0.003793	0.974
0	51	0.002881	1.298	10	52	0.003295	1.073	20	52	0.003765	0.974
0	52	0.00286	1.299	10	54	0.003435	1.074	20	54	0.003789	0.977
0	54	0.002898	1.3	10	55	0.003418	1.074	20	55	0.003798	0.977
0	55	0.002881	1.3	10	57	0.003544	1.074	20	57	0.003752	0.978
0	57	0.002905	1.3	10	58	0.003579	1.074	20	58	0.003742	0.978
0	58	0.002863	1.3	10	60	0.003502	1.074	20	60	0.003798	0.978
0	60	0.002926	1.3	10	21	0.002705	0.173				

YO (%)	KS (gün)	SR (mikroşekil.)	ÇG (mm)	YO (%)	KS (gün)	SR (mikroşekil.)	ÇG (mm)	YO (%)	KS (gün)	SR (mikroşekil.)	ÇG (mm)
30	24	0.001589	0.342	40	25	0.001809	0.044	50	30	0.000911	0.083
30	25	0.001601	0.401	40	27	0.001869	0.462	50	31	0.000919	0.25
30	27	0.001615	0.635	40	28	0.001894	0.485	50	33	0.000921	0.471
30	28	0.001618	0.66	40	30	0.001983	0.5	50	34	0.000935	0.474
30	30	0.001652	0.671	40	31	0.002053	0.502	50	36	0.000941	0.482
30	31	0.001682	0.674	40	33	0.002235	0.501	50	37	0.000943	0.484
30	33	0.001792	0.686	40	34	0.002321	0.501	50	39	0.000964	0.493
30	34	0.001865	0.689	40	36	0.002445	0.501	50	40	0.000936	0.495
30	36	0.001924	0.695	40	37	0.002432	0.501	50	42	0.000985	0.499
30	37	0.001952	0.697	40	39	0.002436	0.501	50	43	0.000999	0.5
30	39	0.002026	0.7	40	40	0.002456	0.501	50	45	0.001	0.502
30	40	0.00203	0.702	40	42	0.002465	0.501	50	46	0.001002	0.503
30	42	0.002038	0.706	40	43	0.002402	0.501	50	48	0.001022	0.505
30	43	0.002042	0.711	40	45	0.002439	0.501	50	49	0.00102	0.508
30	45	0.00205	0.711	40	46	0.002456	0.501	50	51	0.001017	0.511
30	46	0.002062	0.712	40	48	0.002482	0.501	50	52	0.001015	0.511
30	48	0.002083	0.713	40	49	0.002467	0.501	50	54	0.001025	0.512
30	49	0.002098	0.714	40	51	0.002485	0.501	50	55	0.001025	0.512
30	51	0.002234	0.715	40	52	0.002498	0.501	50	57	0.001025	0.513
30	52	0.002258	0.715	40	54	0.002501	0.501	50	58	0.001025	0.513
30	54	0.002288	0.716	40	55	0.002488	0.501	50	60	0.001029	0.513
30	55	0.002292	0.717	40	57	0.002496	0.501	50	30	0.000911	0.083
30	57	0.002302	0.718	40	58	0.002513	0.501				
30	58	0.002315	0.719	40	60	0.002475	0.501				
30	60	0.002302	0.719								

60	33	0.001953	0.035	70	34	0.002482	0.012	80	34	0.002458	0.008
60	34	0.001982	0.185	70	36	0.002492	0.067	80	36	0.002467	0.045
60	36	0.002119	0.335	70	37	0.002496	0.166	80	37	0.002471	0.111
60	37	0.002139	0.352	70	39	0.002504	0.201	80	39	0.002479	0.134
60	39	0.002253	0.358	70	40	0.002503	0.203	80	40	0.002478	0.136
60	40	0.00226	0.359	70	42	0.002504	0.205	80	42	0.002479	0.137
60	42	0.002264	0.366	70	43	0.002504	0.206	80	43	0.002479	0.137
60	43	0.002264	0.367	70	45	0.002505	0.21	80	45	0.00248	0.14
60	45	0.002285	0.37	70	46	0.002506	0.21	80	46	0.002481	0.14
60	46	0.002352	0.371	70	48	0.002506	0.212	80	48	0.002481	0.141
60	48	0.002432	0.372	70	49	0.002506	0.212	80	49	0.002481	0.141
60	49	0.002446	0.373	70	51	0.002508	0.213	80	51	0.002483	0.142
60	51	0.002437	0.375	70	52	0.002509	0.213	80	52	0.002484	0.142
60	52	0.002468	0.377	70	54	0.002512	0.215	80	54	0.002487	0.144
60	54	0.002489	0.379	70	55	0.002515	0.216	80	55	0.00249	0.144
60	55	0.00249	0.379	70	57	0.002519	0.217	80	57	0.002493	0.144
60	57	0.002503	0.38	70	58	0.002519	0.217	80	58	0.002494	0.144
60	58	0.002512	0.38	70	60	0.00252	0.217	80	60	0.002496	0.145
60	60	0.002526	0.38								

YO (%)	KS (gün)	SR (mikroşekil.)	ÇG (mm)	YO (%)	KS (gün)	SR (mikroşekil.)	ÇG (mm)
90	39	0.002726	0.009	100	40	0.002808	0.003
90	40	0.002726	0.03	100	42	0.002808	0.019
90	42	0.002726	0.084	100	43	0.002808	0.029
90	43	0.002727	0.089	100	45	0.00281	0.056
90	45	0.002728	0.09	100	46	0.002811	0.057
90	46	0.002729	0.09	100	48	0.002811	0.057
90	48	0.002729	0.092	100	49	0.002811	0.058
90	49	0.002729	0.092	100	51	0.002814	0.059
90	51	0.002732	0.093	100	52	0.002815	0.059
90	52	0.002733	0.093	100	54	0.002818	0.059
90	54	0.002736	0.094	100	55	0.002821	0.059
90	55	0.002739	0.094	100	57	0.002825	0.06
90	57	0.002743	0.094	100	58	0.002825	0.06
90	58	0.002743	0.095	100	60	0.002828	0.06
90	60	0.002746	0.095				

Çizelge Ek 1.28. Test verileri

YO (%)	KS (gün)	SR (mikroşekil.)	ÇG (mm)	YO (%)	KS (gün)	SR (mikroşekil.)	ÇG (mm)	YO (%)	KS (gün)	SR (mikroşekil.)	ÇG (mm)
0	20	0.00214	0.21	10	20	0.002653	0.091	20	23	0.002765	0.545
0	23	0.00234	1.14	10	23	0.002796	0.817	20	26	0.00316	0.898
0	26	0.002411	1.217	10	26	0.002909	0.998	20	29	0.00318	0.917
0	29	0.002554	1.243	10	29	0.002912	1.012	20	32	0.003421	0.937

0	32	0.002568	1.258	10	32	0.002961	1.033	20	35	0.003877	0.948
0	35	0.002663	1.267	10	35	0.003004	1.043	20	38	0.003685	0.955
0	38	0.002719	1.275	10	38	0.003049	1.051	20	41	0.003734	0.968
0	41	0.00273	1.288	10	41	0.003112	1.062	20	44	0.00377	0.969
0	44	0.002796	1.291	10	44	0.003126	1.066	20	47	0.00378	0.972
0	47	0.002832	1.293	10	47	0.003189	1.068	20	50	0.003812	0.973
0	50	0.00286	1.295	10	50	0.003246	1.07	20	53	0.003772	0.976
0	53	0.00286	1.299	10	53	0.00333	1.074	20	56	0.003774	0.978
0	56	0.002888	1.3	10	56	0.00353	1.074	20	59	0.003798	0.978
0	59	0.002916	1.3	10	59	0.003558	1.074				
YO (%)	**KS (gün)**	**SR (mikroşekil.)**	**ÇG (mm)**	**YO (%)**	**KS (gün)**	**SR (mm)**	**ÇG (mm)**	**YO (%)**	**KS (gün)**	**SR (mikroşekil.)**	**ÇG (mm)**
30	23	0.001532	0.199	40	26	0.001865	0.401	50	29	0.00091	0.044
30	26	0.001545	0.563	40	29	0.001901	0.49	50	32	0.000919	0.392
30	29	0.001628	0.668	40	32	0.002147	0.504	50	35	0.000938	0.48
30	32	0.001752	0.677	40	35	0.002335	0.501	50	38	0.000949	0.486
30	35	0.001932	0.691	40	38	0.00244	0.501	50	41	0.000976	0.496
30	38	0.002025	0.698	40	41	0.002456	0.501	50	44	0.001002	0.501
30	41	0.002035	0.703	40	44	0.002426	0.501	50	47	0.001025	0.503
30	44	0.002047	0.71	40	47	0.002465	0.501	50	50	0.00102	0.51
30	47	0.002072	0.713	40	50	0.002473	0.501	50	53	0.001022	0.511
30	50	0.002115	0.714	40	53	0.0025	0.501	50	56	0.001025	0.512
30	53	0.002256	0.716	40	56	0.002496	0.501	50	59	0.001028	0.513
30	56	0.002282	0.718	40	59	0.0025	0.501				
30	59	0.0023	0.719								
YO (%)	**KS (gün)**	**SR (mikroşekil.)**	**ÇG (mm)**	**YO (%)**	**KS (gün)**	**SR (mikroşekil.)**	**ÇG (mm)**	**YO (%)**	**KS (gün)**	**SR (mikroşekil.)**	**ÇG (mm)**
60	32	0.001899	0.021	70	35	0.002482	0.02	80	35	0.002458	0.013
60	35	0.002014	0.291	70	38	0.002501	0.192	80	38	0.002476	0.128
60	38	0.002145	0.356	70	41	0.002504	0.204	80	41	0.002479	0.136
60	41	0.002265	0.361	70	44	0.002504	0.209	80	44	0.002479	0.139
60	44	0.00229	0.368	70	47	0.002506	0.211	80	47	0.002481	0.141
60	47	0.002437	0.371	70	50	0.002508	0.213	80	50	0.002483	0.142
60	50	0.002443	0.373	70	53	0.00251	0.214	80	53	0.002485	0.143
60	53	0.002485	0.378	70	56	0.002516	0.216	80	56	0.002491	0.144
60	56	0.002501	0.379	70	59	0.00252	0.217	80	59	0.002495	0.145
60	59	0.002519	0.38								

YO (%)	KS (gün)	SR (mikroşekil.)	ÇG (mm)	YO (%)	KS (gün)	SR (mikroşekil.)	ÇG (mm)
90	38	0.002724	0.005	100	41	0.002808	0.006
90	41	0.002727	0.073	100	44	0.002809	0.054
90	44	0.002727	0.09	100	47	0.002811	0.057
90	47	0.002729	0.091	100	50	0.002813	0.058
90	50	0.002731	0.093	100	53	0.002815	0.059
90	53	0.002733	0.093	100	56	0.002823	0.06
90	56	0.00274	0.094	100	59	0.002826	0.06
90	59	0.002744	0.095				

Çizelge Ek 1.28. Denenen modellerin performanslarının karşılaştırılması

Model	Yöntem	Üyelik fonksiyonu	Fonksiyon Tipi	Etki aralığı	Squash faktörü	Kabul oranı	Red oranı	RMSE (Test)	R^2 (Test)
Grid1	Grid partition	Gausyan1	Sabit	-	-	-	-	0.050131	0.984891
Grid2	Grid partition	Gausyan1	Doğrusal	-	-	-	-	0.059401	0.980169
Grid3	Grid partition	Gausyan 2	Sabit	-	-	-	-	0.059376	0.978733
Grid4	Grid partition	Gausyan 2	Doğrusal	-	-	-	-	0.056697	0.981113
Grid5	Grid partition	Sigmoid	Sabit	-	-	-	-	0.065139	0.974344
Grid6	Grid partition	Sigmoid	Doğrusal	-	-	-	-	0.078523	0.965809
Sub1	Sub-Clustering	Gausyan1	Sabit	0.5	1.25	0.5	0.15	0.075926	0.965028
Sub2	Sub-Clustering	Gausyan1	Sabit	0.4	1.25	0.5	0.15	0.046508	0.986872
Sub3	Sub-Clustering	Gausyan1	Sabit	0.3	1.25	0.5	0.15	0.039273	0.990649
Sub4	Sub-Clustering	Gausyan1	Sabit	0.2	1.25	0.5	0.15	0.037730	0.991889
Sub5	Sub-Clustering	Gausyan1	Sabit	0.2	1.25	0.5	0.15	0.038503	0.991251
Sub6	Sub-Clustering	Gausyan1	Sabit	0.6	1.25	0.5	0.15	0.075832	0.965202
Sub7	Sub-Clustering	Gausyan1	Sabit	0.7	1.25	0.5	0.15	0.096375	0.943681

Çizelge Ek 1.29. ANFIS modelinin performans değerleri.

Performans değeri	Eğitim	Test
RMSE	0.0241981	0.0501315
R^2	0.9964013	0.9848913
MAPE	0.0000034	22.0284662

Printed by Books on Demand GmbH, Norderstedt / Germany